中国科学技术大学数学丛书

代数学 I
代数学基础

欧阳毅 编
申伊塃

高等教育出版社·北京

内容简介

本书是中国科学技术大学代数系列教材三部曲的第一部,是"代数学基础"课程参考教材。本书对群、环、域的定义和基本性质,循环群和对称群(置换群),整数理论,域和整数上的多项式理论等进行介绍,目的是为后续的线性代数、近世代数和数论(包括数论的应用)等众多课程提供基础。本书在保留中国科学技术大学初等数论课程传统内容的基础上,增加了复数、韦达定理等高中忽视的内容,强调了等价关系这个大学数学教学难点,增加了群、环、域的基础知识特别是循环群的知识,对线性代数教学急需的置换的概念进行讨论。这样编写的目的,首先是让学生较早接触到群、环、域等抽象概念,尽早锻炼学生的抽象思维能力,为后续的近世代数课程降低难度。其次本书统一使用代数的思想介绍整数和多项式的理论,希望同学们能够了解初等数论不是数学竞赛中高不可攀的一道道难题,而是在统一逻辑框架下的优美理论,它不仅在今后数学各方面学习中有很多用处,而且是数学在实际生活中应用的重要理论基石。

本书可以作为"初等数论"和"近世代数"(或"抽象代数")课程的参考书籍。本书适用于高等院校数学和信息安全专业学生,以及其他对代数思想和方法感兴趣的学生和学者。

图书在版编目(CIP)数据

代数学. I,代数学基础/欧阳毅,申伊塃编. --
北京:高等教育出版社,2016.8 (2023.11重印)
(中国科学技术大学数学丛书)
ISBN 978-7-04-045949-4

Ⅰ.①代… Ⅱ.①欧… ②申… Ⅲ.①代数 – 高等学校 – 教材 Ⅳ.①O15

中国版本图书馆 CIP 数据核字(2016)第 170604 号

策划编辑	杨 波	责任编辑	杨 波	封面设计	王 鹏	版式设计	马 云
插图绘制	黄建英	责任校对	陈旭颖	责任印制	赵义民		

出版发行	高等教育出版社	网 址	http://www.hep.edu.cn
社 址	北京市西城区德外大街4号		http://www.hep.com.cn
邮政编码	100120	网上订购	http://www.hepmall.com.cn
印 刷	北京中科印刷有限公司		http://www.hepmall.com
开 本	787mm×960mm 1/16		http://www.hepmall.cn
印 张	9.25		
字 数	160 千字	版 次	2016 年 8 月第 1 版
购书热线	010-58581118	印 次	2023 年 11 月第 4 次印刷
咨询电话	400-810-0598	定 价	15.20 元

本书如有缺页、倒页、脱页等质量问题,请到所购图书销售部门联系调换
版权所有 侵权必究
物料号 45949-00

"中国科学技术大学数学丛书"
编审委员会

主　编：马志明
副主编：李嘉禹　叶向东
编　委(按汉语拼音排序)：
　　　　　薄立军　陈发来　陈　卿　邓建松
　　　　　郭文彬　胡　森　李思敏　麻希南
　　　　　欧阳毅　任广斌　张梦萍　张土生

"中国科学技术大学数学丛书"
总　序

　　建设世界一流大学的一个首要目标是培养世界一流的学生，一直以来中国科学技术大学（以下简称科大）都把实现这一目标作为我们的崇高使命。教材建设是教书育人的重要方面。为培养适合于现代科技发展的优秀人才，就需要有既尊重教学规律又面向科学前沿的一流教材。本套丛书是我们为中国科学技术大学数学科学学院学生，特别是华罗庚科技英才班学生准备的教材。

　　本套丛书凝聚科大数学系（学院）数代科大人的心血。华罗庚、关肇直、吴文俊诸先生在科大创校之初教导 58 级、59 级、60 级学生（即著名的华龙、关龙和吴龙）之时，就十分重视教材建设。华罗庚先生编著的《高等数学引论》是高水平数学教材的不朽名著，值得当今每位高等数学教育工作者学习和借鉴。在大师引领之下，科大数学系前辈出版了许多带有鲜明科大特色并受到国内外同行高度认可的教材，比如陈希孺先生的《数理统计学教程》，龚昇先生的《简明微积分》，常庚哲、史济怀先生的《数学分析》，冯克勤等教授的《近世代数引论》，李尚志教授的《线性代数》等。这些教材至今广为使用，为科大带来了崇高声誉。我们这套丛书，就是在科大前辈教材基础上编写而成的。

　　新世纪以来，特别是 2009 年华罗庚科技英才班创建以来，由于学生基础、兴趣和爱好有所变化，前沿数学发展日新月异，为更好实践数学优秀人才的培养，数学科学学院对数学核心课程教学内容和方式进行调整。为配合这一调整，我们组织教学和科研第一线老师编写了这套教材。

　　教材建设是为教学服务的。一部好的教材将给学生打开一扇大门，引领学生翱翔科学知识的海洋，而坏的教材，则往往粗制滥造，错误极多，非但没有教书育人的作用，而常常有误人子弟的后果。基于此，我们在教材建设上是战战兢兢，如履薄冰，不敢有丝毫马虎。我们的教学内容，经学院全体教授反复讨论达两年时间。编写讲义之时，大量参考了之前的科大教材，甚至直接征询前辈老师的意见。讲义编写好之后，也几经试用，反复修改增删，接受老师同学的批评建议，历经数年方成书出版。即使如此，教材一定还有不足之处，祈望读者诸君不各指出，以便我们提高。

古人有云："百年之计，莫如树人"。我们希望这套丛书能为培养中国数学拔尖人才略尽绵薄之力，希望中国数学之树"亭亭如盖"。

马志明
2015 年 9 月

序

近世代数（或叫抽象代数）研究群、环、域和模等各种代数结构。它不仅是一个基本的数学分支，而且也是物理学、化学和力学等其他科学的重要数学工具。20世纪50年代以来由于数字通信和数字计算技术的飞速发展，近世代数在信息科学和计算机科学也发挥愈来愈大的作用。更广一点来说，近世代数中所体现的数学思维方式（共性和个性，比较和分类，局部和整体……）对于人们从事任何社会活动都是有益的。

中国科学技术大学1958年建校以来，数学系一向重视近世代数的教学。20世纪60年代，老一辈数学家华罗庚、万哲先、王元和曾肯成培养了不少从事代数教学、研究和应用领域的人才。我本人有幸聆听过王元的"数论导引"，万哲先和曾肯成的"抽象代数"（用van der Waerden的《代数学》一书），华罗庚和万哲先的"典型群"以及吴文俊先生的"代数几何"课。我们不仅学到了知识，更重要的是受到他们对学问的理解方式和研究经验的感染。他们风格各异的讲授方式对于年轻学生成长的影响是至关重要的，是由所谓量化条件和单一标准约束出来的"名师"无可比拟的。半个世纪以来，科大教师一直努力继承这个传统。20世纪80年代至90年代，我和李尚志、查建国、余红兵、章璞等志同道合者在近世代数教学、教材建设和培养人才方面做过一些努力。现在为了适应我国高等教育和数学发展的新形势，科大数学系欧阳毅、叶郁等人对于近世代数的教学做进一步的改革，编写这套新的教材，这是令人高兴的。

教学经验讲以下三点体会：

（1）把初等数论作为近世代数教学的有机组成部分。中国科学技术大学从20世纪70年代起，一直把初等数论作为本科生一年级的必修课，其目的不仅是传授整数性质和方程整数解方面的基本知识，更不是训练做数论难题，而是把初等数论视为近世代数的一个源头。18世纪和19世纪，伟大数学家欧拉和高斯对于费马关于整数和素数的一系列猜想产生浓厚的兴趣。他们花了不少精力研究整数的性质，得到一系列关于整除性和同余性的重要结果，所创造的一系列深刻的数学思想成为近世代数的源头，而初等数论本身也提供了近世代数中抽象代数结构的第一批具体例子。整数模 m 的同余类全体 $\mathbb{Z}/m\mathbb{Z}$ 给出有限交换群和交换环的简单例子，中国剩余定理是交换环直和分解的原始模型。模素数 p 的原根 g 就是循环群 $\mathbb{F}_p^\times$ 的生成元，而 $\mathbb{F}_p$ 给出第一批有限域。费马小定理和更一般的欧拉定理在近世代数中推广成有限群的拉格朗日（Lagrange）定理。而高斯的二次互反律在后来的二百年中不断增添新的视野而得到最现代的形式。高斯在研究整数的二平方和问题时，考虑整数的推广（高斯整数），而为了证明任何数域中的代数整数形成环，戴德金（Dedekind）采用了一种新的代数概念，这就是"模"。库默尔（Kummer）在研究费马猜想时发明了"理想数"（ideal number）。后人发现这个概念本质上不是一个数，而是环中的一类十分重要的集合，即环中的理想（ideal）。这些数学家在研究初等数论所产生的深刻数学思想和结果，很值得后人学习和欣赏。

（2）充分讲授域的扩张理论，特别是域扩张的伽罗瓦理论。目前高校的近世代数课程，由于学时所限无法讲授伽罗瓦理论，实在令人惋惜。这不仅是由于这个理论非常漂亮，也因为它为数学发展上一个精彩的例子，表明数学家们为追求数学自身的完善而对人类文明所做的贡献。为了证明 n 次（$n \geqslant 5$）的一般代数方程是根式不可解的，阿贝尔和伽罗瓦考虑此方程所有根之间的置换，由此产生了群的概念，并且揭示出这类方程根式不可解的深层次原因：方程所有 n 个根允许一个最大可能的置换群 S_n，而当 $n \geqslant 5$ 时这个群的结果过于复杂（用现在的语言，S_n 是不可解群）。后来人们逐渐认识到，群是研究各种事物对称性的有力工具。从而群论（特别是群表示理论）在物理、化学、力学等各个领域中均起到重要作用。群的产生和非欧几何等许多思想一样源于数学内部问题的探究，我们不能低估人们追求真理和美对人类文明所起的作用。

（3）增加了传统近世代数课以外的许多内容。相对于分析课程，代数和几何教学在中国高校中非常薄弱，这是一个长期存在的问题，它直接影响我国数学研究的水平。当前的代数组合学研究需要交换代数和群表示理论工具，多复变和微分几何研究要求上同调理论，控制理论需要模论。本世纪初，我和清华大学数学科学系的同人文志英、欧阳毅、姚家燕和印林生等，与法国数学家合作，从一年级初等数论讲起至法国数学家为高年级讲现代代数几何。培养了几届具有现代代数素质的学生。记得我们与 Illusie（Grothendieck 的关门弟子）讨论法国数学家来华前我们需要对清华学生的前期准备时，他说只需要线性代数即可。进一步交换才知，他把群的线性表示，模论（环上的线性代数），以及交换代数中的许多内容均看做是线性代数。我们和法国对于代数学作用和地位在认识上有很大差距。所以，这套教材增加了群表示理论和模论的初步内容，把这些内容看做是大学生应当掌握的知识，是非常必要的。

教学事业其实并不如有些人搞得那么复杂，不需要花样翻新的标语和口号。只需要设计好教学内容，并且有好的老师，坚持至少五年，就会培养出好的学生，因为中国不缺乏勤奋能吃苦的学生。说到根本，只需要老师和学生都有一点精神。老师具有培养学生的热情，而学生要有对数学的热爱和提高数学素质非功利主义的动力。我预祝并且相信，在科大数学系师生共同努力之下，这套教材一定能培养出新一代年青代数学人才。

冯克勤

2015 年 12 月 11 日

于

香港科技大学

前 言

代数方法和分析方法是数学研究中两种最基本的方法，也是大学数学专业学生数学教育的重点。中国科学技术大学创校伊始就受到华罗庚、王元、万哲先、曾肯成等前辈数论和代数大家的谆谆教导，代数和数论方面人才辈出。20世纪80年代以来，在冯克勤教授和李尚志教授等领导下，中国科学技术大学的代数教学水平一直维持在较高水平，培养的代数和数论人才受到国内外同行高度称许。科大之所以能够在代数教学方面取得较好成果，一方面原因是学生们受到严格的"线性代数"基础训练；另一方面科大一直坚持为数学系学生开设"初等数论"和"近世代数"基础课程，并在高年级和研究生阶段开设"群表示论""交换代数"等课程，并配备有《整数与多项式》(冯克勤、余红兵编著)，《近世代数引论》(冯克勤、李尚志、查建国、章璞编著)，《群与代数表示论》(冯克勤、章璞、李尚志编著)等著名教材。

进入新世纪以来，新一代科大学生入学时的数学基础和20世纪八十、九十年代学生有较大区别。这里面一部分原因是高中新课标和高考指挥棒的影响，大部分学生在高中时代受到题海战术的锤炼，但独立探索和抽象思维能力受到压制。他们更早接触到微积分的思想，对于高考中出现的各种题型十分熟练，但在平面几何、因式分解和三角函数等方面的基本训练远不如以前，在数学证明和逻辑严格性方面的训练也不如以前。另一方面，这一代学生或多或少参加过数学竞赛，而其中最体现抽象思维能力的初等数论问题常常是他们最头疼的问题之一。当同学们在大一开始接触"初等数论"课程时，上述两方面的原因就让同学们对于课程学习产生畏难情绪。到大二开始学习"近世代数"课程时，扑面而来的抽象代数思想，特别是群论思想和方法更让不少学生感到无所适从。因此科大的代数教学在前些年受到比较严重的挑战。另一方面，我们的教材没有及时体现新时期学生的最新情况，需要得到及时更新。从教学本身来看，通过多年教学和科研实践，我们发现各代数课程之间的衔接以及对应教材之间衔接不是特别流畅（各数学核心课程的衔接亦是如此），在统一的框架下对代数课程教学和教材建设进行规划成为必要。

2011 年，在编者的组织下，数学科学学院全体教授对于代数系列课程的教学大纲和教学内容进行了热烈讨论，《代数系列课程纲要》数易其稿，最终得到通过。我们对代数方面涉及的 6 门课程进行全面改革和优化。原来的"初等数论"课程由"代数学基础"课程替代，与"近世代数""代数学"一起构成代数教学三门核心课程。它们由浅入深，目标是为数学学院学生奠定扎实的代数基础。基于课程改革的需要，我们当即着手对应的教材建设，计划在原来教材的基础上编写代数学三部系列教材：《代数学 I 代数学基础》，《代数学 II 近世代数》和《代数学 III 代数学进阶》。

本书即是代数学系列教材三部曲的第一部。我们在冯克勤教授和余红兵教授编著的教材《整数与多项式》基础上，参照 Artin, Lang, Hungerford, Dummit-Foote 等著名英文教材，对群、环、域的定义和基本性质，循环群和对称群，整数理论，多项式理论等进行介绍，目的是为后续的线性代数，近世代数和数论（包括数论的应用）等众多课程提供基础。我们在保留原来初等数论课程整数理论和多项式理论的基础上，增加了复数、韦达定理等高中忽视的内容，强调了等价关系这个大学数学教学难点，增加了群、环、域的基础知识特别是循环群的知识，对线性代数教学急需的置换的概念进行讨论。这样编写的目的，首先是让学生较早接触到群、环、域等抽象概念，尽早锻炼学生的抽象思维能力，为后续的近世代数课程降低难度。其次我们统一使用代数的思想介绍整数和多项式的理论，希望同学们能够了解初等数论不是数学竞赛中高不可攀的一道道难题，而是在统一逻辑框架下的优美理论，它不仅在今后数学各方面学习中有很多用处，而且是数学在实际生活中应用的重要理论基石。这也是我们将《初等数论》改名为《代数学基础》的原因。

本书分为九章。第一章为预备知识，总结了集合和映射等概念，特别对等价关系进行详细阐述，介绍了复数的基本性质，以及求和与求积符号等内容。此章内容实为数学各学科之基础，在此一并给出，应属必要。第二章引入了群、环、域的概念，包括同态、同构、正规子群和理想等概念，给出例子和简单性质。第三章和第四章是整数整除和同余理论的学习，包括算术基本定理和欧几里得算法，剩余类环的构造以及欧拉定理、费马小定理和中国剩余定理等著名定理。第五章则是域上多项式环的介绍，这里大部分结果是整数环理论的平行结果，另外则是多项式零点研究，并给出了根与系数关系的韦达定理。第六章是群论基础，介绍了元素的阶，循环群的基本性质，陪集和群论拉格朗日定理。第七章是对置换和对称群的介绍，包括置换奇偶性和交错群。第八章则是对 p 元有限域乘法群的学习，包括原根和二次剩余的概念，以及二次互反律的证明。最后一章我们回到对多项式的学习，介绍了整系数多项式和对称多项式的性质。

本书可以作为"代数学基础"或者"初等数论"课程参考教材，适用于尚未学习"近世代数"（"抽象代数"）课程的大学数学类专业学生。对于未开设"初等数论"或者"代数学基础"课程的学校学生，本书也可以作为"近世代数"课程的参考书籍。另外，本书也适用于信息安全专业学生，或者其他对代数思想、方法感兴趣的学生和学者。

本书初稿自 2012 年开始，在中国科学技术大学数学科学学院大一新生（代数学基础）课程试用，迄今已有三个年级 500 余名学生使用。编者向这些年来对代数课程体系调整和本书初稿提供意见的各位学者、教师和学生表示深深感谢，并欢迎大家继续提供宝贵意见。

编者

2015 年 8 月 1 日

目 录

第一章　预备知识 · 1
1.1　集合与映射 · 1
1.1.1　集合的定义 · · · · · · · · · · · · · · · · · 1
1.1.2　集合的基本运算 · · · · · · · · · · · · · · · 2
1.1.3　一些常用的集合记号 · · · · · · · · · · · · · 4
1.1.4　映射, 合成律和结合律 · · · · · · · · · · · · 5
1.1.5　等价关系, 等价类与分拆 · · · · · · · · · · · 6
1.2　求和与求积符号 · 8
1.3　复数 · 12
1.3.1　复数域的定义 · · · · · · · · · · · · · · · · · 12
1.3.2　复数的几何意义与复平面 · · · · · · · · · · · 13
习题 · 17

第二章　初识群、环、域 · 19
2.1　群 · 19
2.1.1　群的定义和例子 · · · · · · · · · · · · · · · · 19
2.1.2　子群与直积 · · · · · · · · · · · · · · · · · · · 23
2.2　环与域 · 25
2.2.1　定义和例子 · · · · · · · · · · · · · · · · · · · 25
2.2.2　环的简单性质 · · · · · · · · · · · · · · · · · 26
2.2.3　多项式环 · 29
2.3　同态与同构 · 30
2.3.1　群的同态与同构 · · · · · · · · · · · · · · · · 30
2.3.2　环的同态与同构 · · · · · · · · · · · · · · · · 34
习题 · 36

第三章　整数理论　39
3.1　整除　39
3.1.1　带余除法　39
3.1.2　最大公因子　40
3.1.3　欧几里得算法　42
3.1.4　最小公倍数　43
3.2　素数与算术基本定理　44
习题　48

第四章　整数的同余理论　51
4.1　同余式　51
4.2　中国剩余定理　55
4.3　欧拉定理和费马小定理　59
4.4　模算术和应用　61
4.4.1　模算术　61
4.4.2　应用举例　63
习题　64

第五章　域上的多项式环　67
5.1　整除性理论　67
5.1.1　最大公因子　67
5.1.2　不可约多项式和因式分解　70
5.2　多项式零点和韦达定理　70
5.3　多项式同余理论　73
5.3.1　多项式的同余　73
5.3.2　中国剩余定理　75
5.3.3　低次多项式的不可约性　76
习题　77

第六章　群论基础　80
6.1　元素的阶和循环群　80
6.2　拉格朗日定理　83
6.2.1　陪集表示　83
6.2.2　陪集与正规子群　85
习题　85

第七章　对称群　88
7.1　置换及其表示　88
7.2　置换的奇偶性和交错群　92
7.2.1　奇置换与偶置换　92
7.2.2　交错群　94
习题　96

第八章　域 $\mathbb{F}_p$ 上的算术　98
8.1　乘法群 $(\mathbb{Z}/m\mathbb{Z})^\times$ 与 $\mathbb{F}_p^\times$ 的结构　98
8.1.1　乘法群的结构　98
8.1.2　原根的计算　101
8.1.3　高次同余方程求解　101
8.2　$\mathbb{F}_p^\times$ 的平方元与二次剩余　102
8.3　二次互反律的证明和变例　106
习题　111

第九章　多项式 (II)　113
9.1　整系数多项式环 $\mathbb{Z}[x]$　113
9.2　多元多项式　117
习题　121

参考文献　122

索引　123

第一章 预备知识

1.1 集合与映射

1.1.1 集合的定义

集合论是数学理论的基础,代数学的基础也不例外. 我们首先引入集合的定义.

将一些不同的对象放在一起,即为**集合** (set),其中的对象称为集合的**元素** (element). 在本书中,我们将使用大写字母 $A, B, C, \cdots$ 来表示集合,用小写字母 $a, b, c, \cdots$ 来表示集合中的元素. 记 A 为一个集合. 如果 a 是 A 中的元素,则称 a 属于 A,记为 $a \in A$,否则记为 $a \notin A$. 我们也可以将集合 A 表示为 $A = \{a \mid a \in A\}$,其中 $a \in A$ 可以用 A 中元素满足的共同性质代替,比如说偶数集合 $=\{a$ 为整数 $\mid a$ 被 2 整除$\}$. 本书中我们总是假设集合中元素是不重复的.

如果集合 A 中的每一个元素均是集合 B 中元素,则称 A 是 B 的**子集** (subset),换言之,即若 $a \in A$,则 $a \in B$. 此时我们记为 $A \subseteq B$ 或 $B \supseteq A$. 可以用图 1.1 来表示 $A \subseteq B$.

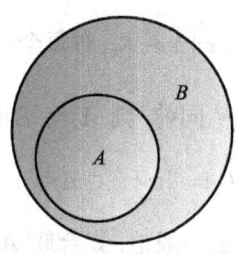

图 1.1 集合的包含关系

如果集合 $A \subseteq B$ 且 $B \subseteq A$, 即 $a \in A$ 当且仅当 $a \in B$, 称 A 与 B **相等**, 并记为 $A = B$. 如果 $A \subseteq B$ 且 $A \neq B$, 我们称 A 为 B 的**真子集** (proper subset), 记为 $A \subset B$ 或者 $A \subsetneq B$.

不含任何元素的集合称为**空集** (empty set), 记为 $\varnothing$. 由定义可知, 空集 $\varnothing$ 是任何集合的子集, 且是任何非空集合的真子集.

如果集合 A 的元素个数有限, 称 A 为**有限集** (finite set), 其元素个数称为**集合的阶** (cardinality 或 order), 记为 $|A|$. 元素个数无限的集合称为**无限集** (infinite set), 它的阶定义为 ∞.

1.1.2 集合的基本运算

一般来说, 对于某固定集合 U 的子集, 有如下四种基本运算.

(I) **集合的交** 设 A, B 为 U 的两个子集, 则 A 与 B 的**交集** (intersection) 定义为
$$A \cap B := \{x \mid x \in A \text{ 且 } x \in B\}.$$

可以用图 1.2 表示集合的交. 在上式中, 记号 := 表示的是将其右边的集合记作 $A \cap B$.

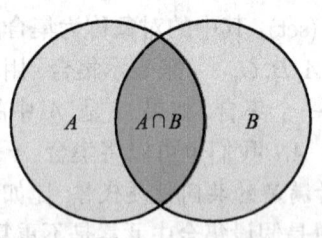 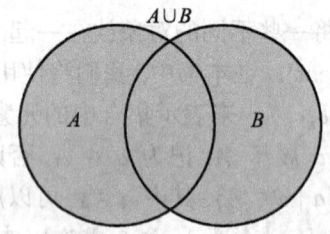

图 1.2　集合的交　　　　　　　　图 1.3　集合的并

更一般地, 设 I 为集合, I 中每个元素 i 对应 U 的子集 A_i, 则集合族 $A_i (i \in I)$ 的交定义为
$$\bigcap_{i \in I} A_i := \{x \mid x \in A_i, \text{对每个} i \in I \text{成立}\}.$$

(II) **集合的并** 设集合 A, B 同前, 则 A 与 B 的**并集** (union) 定义为
$$A \cup B := \{x \mid x \in A \text{ 或 } x \in B\}.$$

可以用图 1.3 表示集合的并. 更一般地, 集合族 $A_i (i \in I)$ 的并定义为
$$\bigcup_{i \in I} A_i := \{x \mid x \in A_i, \text{对某个} i \in I \text{成立}\}.$$

如果 A_i 两两不交 (即交集为空集), 我们称 $\bigcup_{i\in I} A_i$ 为**不交并** (disjoint union), 并记为 $\bigsqcup_{i\in I} A_i$.

(III) **集合的差集与补集** 设 A, B 为 U 的子集, 则 A 对 B 的补集或差集 (complement) 定义为

$$A - B = A\backslash B := \{x \mid x \in A \text{ 且 } x \notin B\}.$$

它可用图 1.4 表示. 由补集定义, 我们有

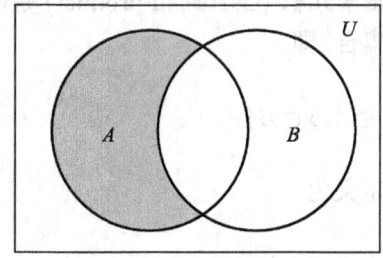

图 1.4 集合的补集 $A - B$

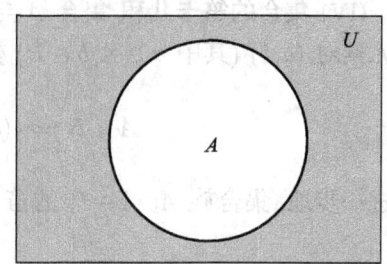

图 1.5 集合的补集 A^c

$$A = (A \cap B) \sqcup (A - B).$$

A 在 U 中的补集定义为

$$A^c := \{x \in U \mid x \notin A\}.$$

它可用图 1.5 表示.

由定义可得如下最简单形式时的**容斥原理** (inclusion-exclusion principle):

命题 1.1. 如果 A, B 为有限集, 则 $A \cup B$ 和 $A \cap B$ 均为有限集, 且

$$|A \cup B| = |A| + |B| - |A \cap B|. \tag{1.1}$$

我们将在下节给出容斥原理的一般形式.

命题 1.2. 设 A_i $(i \in I)$ 为某固定集合 U 的子集, 则

$$\bigcap_{i\in I} A_i^c = \left(\bigcup_{i\in I} A_i\right)^c. \tag{1.2}$$

通俗地说, 就是补集的交等于并集的补.

证明. 我们有

$$x \in \bigcap_{i \in I} A_i^c \iff x \in A_i^c \text{ 对任意 } i \in I \text{ 成立}$$
$$\iff x \notin A_i \text{ 对任意 } i \in I \text{ 成立}$$
$$\iff x \notin \bigcup_{i \in I} A_i, \text{ 即 } x \in \left(\bigcup_{i \in I} A_i\right)^c.$$

等式得证. $\square$

(IV) **集合的笛卡儿积** 集合 A 与 B 的**笛卡儿积** (Cartesian product) 是由所有元素对 (a,b) (其中 $a \in A, b \in B$) 构成的集合, 即

$$A \times B := \{(a,b) \mid a \in A, b \in B\}.$$

更进一步地, 集合族 A_i $(i \in I)$ 的笛卡儿积定义为

$$\prod_{i \in I} A_i := \{(a_i)_{i \in I} \mid a_i \in A_i\}.$$

如所有的 A_i 均为 A, 我们通常用 A^I 表示其笛卡儿积. 特别地, 我们用 A^n 表示 n 个 A 的笛卡儿积.

注记. 我们可以用一个简单例子来理解集合.

- 班级 $\longleftrightarrow$ 集合,
- 班上的学生 $\longleftrightarrow$ 元素,
- 班上的一个学习小组 $\longleftrightarrow$ 子集合,
- 所有不参加该学习小组的人 $\longleftrightarrow$ 补集,
- 学校的所有班级 $\longleftrightarrow$ 集合构成的集族.

1.1.3 一些常用的集合记号

在本书中, 我们将经常使用如下集合:

- $\mathbb{Z}_+$: 正整数集合;
- $\mathbb{N} = \mathbb{Z}_+ \cup \{0\}$: 自然数集合;
- $\mathbb{Z}$: 整数集合;
- $\mathbb{Q}$: 有理数集合;
- $\mathbb{R}$: 实数集合;
- $F[X]$: F ($F = \mathbb{Z}, \mathbb{Q}, \mathbb{R}$ 等) 上的 (一元) 多项式的集合.

1.1.4 映射, 合成律和结合律

设 A, B 为两个集合. 如果对 A 中每个元素 a, 均有唯一元素 $b \in B$ 与之对应, 我们称此对应为 A 到 B 的**映射** (map), 记之为

$$f: A \to B, \quad a \mapsto b = f(a).$$

有时候, 我们也记之为

$$A \xrightarrow{f} B.$$

集合 A 称为 f 的**定义域**, $f(A) = \{f(a) \mid a \in A\} \subseteq B$ 称为 f 的**值域** 或**像集**. b 称为 a 的**像**, a 称为 b 的**原像**.

当集合 B 是数 (如有理数或者实数) 的集合时, 映射 f 习惯上称为**函数** (function).

如果对元素 $a_1, a_2 \in A$, 当 $f(a_1) = f(a_2)$ 时, 即有 $a_1 = a_2$, 我们称映射 f 为**单射** (injective); 如果对任意 $b \in B$, 存在 $a \in A$, 使得 $f(a) = b$, 我们称 f 为**满射** (surjective); 如果 f 既是单射, 又是满射, 我们称 f 为**一一对应** (one-to-one correspondence) 或**双射** (bijective).

设 f 与 g 为集合 A 到 B 的两个映射. 如果对于 A 中任意元素 a, 均有 $f(a) = g(a)$, 则称映射 f 与 g **相等**, 记为 $f = g$.

设 $f: A \to B$ 和 $g: B \to C$ 为映射, 则映射

$$g \circ f: A \to C, \quad a \mapsto g(f(a))$$

称为 f 与 g 的**复合映射** (或谓**复合律**, composition law).

命题 1.3 (结合律). 设 $f: A \to B$, $g: B \to C$ 与 $h: C \to D$ 为集合间的映射, 则

$$(h \circ g) \circ f = h \circ (g \circ f).$$

定义 1.4. 设 S 为集合. 我们称映射 $f: S \times S \to S$, $(a, b) \mapsto p$ 为 S 上的一个**二元运算** (binary operation).

注记. 在数学应用中, 记号 $p = f(a, b)$ 并不是一个很适宜的记号. 实际上, 我们经常使用 $+, \times, *, \cdot$ 等符号来表示二元运算, 即

$$\boxed{p = ab,\ a \times b,\ a + b,\ a * b,\ a \cdot b,\ \text{诸如此类}.}$$

例 1.5. 加法、减法和乘法是实数集 $\mathbb{R}$ 上的二元运算, 除法是非零实数集 $\mathbb{R}^\times := \mathbb{R} \setminus \{0\}$ 上的二元运算.

例 1.6. 记 Σ_A 为集合 A 到自身的所有映射的集合,则映射的复合构成 Σ_A 上的二元运算.

记 S_A 为集合 A 到自身的所有双射构成的集合,则映射的复合构成 S_A 上的二元运算.

定义 1.7. 集合 S 上的二元运算如果满足条件: 对所有 $a, b, c \in S$,

$$(ab)c = a(bc), \tag{1.3}$$

则称该二元运算满足**结合律** (associative law). 如果对任意 $a, b \in S$,

$$ab = ba, \tag{1.4}$$

则称其满足**交换律** (commutative law).

注记. 如果直接用 $f(a,b)$ 表示二元运算 ab, 则 (1.3) 即等式

$$f(f(a,b),c) = f(a, f(b,c)),$$

而 (1.4) 即等式

$$f(a,b) = f(b,a).$$

由此可以看出使用乘法记号表示二元运算的简洁性.

容易看出, 上面例子中的二元运算均满足结合律, 但映射的复合并不满足交换律. 事实上, 我们有如下基本事实:

> 结合律是更一般的规律.

在本书中, 我们将赋予给定集合一个或数个 (满足结合律的) 二元运算, 从而赋予该集合群、环或者域的代数结构.

1.1.5 等价关系, 等价类与分拆

定义 1.8. 集合 A 中的元素间的关系 $\sim$ 称为**等价关系** (equivalence relation), 是指下述三条性质成立:

(1) (**自反性**) 对所有 $a \in A$, $a \sim a$.

(2) (**对称性**) 如果 $a \sim b$, 则 $b \sim a$.

(3) (**传递性**) 如果 $a \sim b$ 且 $b \sim c$, 则 $a \sim c$.

定义 1.9. 集合 A 作为它的一些子集合的不交并, 称为 A 的一个**分拆** (partition).

设 $\sim$ 是 A 上的一个等价关系. 如 $a \in A$, 记 $[a] = \{b \in A \mid b \sim a\}$, 即 $[a]$ 为 A 中所有与 a 等价的元素构成的子集合. 子集合 $[a]$ 称为 a 所在的**等价类** (equivalent class). 注意到

$$[a] \cap [b] = \begin{cases} [a] = [b], & \text{如果 } a \sim b, \\ \varnothing, & \text{如果 } a \nsim b. \end{cases}$$

记 $A/\sim$ 为 A 中所有等价类构成的集合, 即

$$A/\sim := \{[a] \mid a \in A\} \quad (\text{去掉重复项}).$$

则 A 可以写为不交并

$$A = \bigsqcup_{[a] \in A/\sim} [a]. \tag{1.5}$$

由此我们得到 A 的一个分拆. 反过来, 如果 $A = \bigsqcup_{i \in I} A_i$ 为 A 的分拆, 则很容易在 A 上定义等价关系:

$$a \sim b \quad \text{当且仅当} \quad a, b \text{ 属于同一个 } A_i.$$

故我们有如下定理

定理 1.10. 集合 A 的分拆与定义在 A 上的等价关系一一对应.

例 1.11. 整数集合 $\mathbb{Z}$ 可以分拆为偶数集合和奇数集合的不交并. 另一方面, 在 $\mathbb{Z}$ 上可以定义等价关系: $a \sim b$ 如果 $a - b$ 是偶数, 则偶数集合是此等价关系中 0 所在的等价类, 奇数集合为 1 所在的等价类.

设 $f : A \to B$ 为集合间的映射. 对于元素 $b \in B$, 令 b 的原像集合 $f^{-1}(b) = \{a \in A \mid f(a) = b\}$, 则 $f^{-1}(b)$ 为 A 的子集. 对于 B 中不同的元素 b 和 b', 有 $f^{-1}(b) \cap f^{-1}(b') = \varnothing$. 并且, $f^{-1}(b) = \varnothing$ 当且仅当 $b \notin f(A)$. 故得到分拆

$$A = \bigsqcup_{b \in f(A)} f^{-1}(b). \tag{1.6}$$

我们称集合 A 的这个分拆为**映射 f 决定的分拆**. 它决定的等价关系即

$$a \sim a' \iff f(a) = f(a').$$

例 1.12. 如果 $\sim$ 是集合 A 上的等价关系, 对于自然映射

$$p : A \to A/\sim, \quad a \mapsto [a],$$

可以看出, p 所决定的分拆即等价关系 $\sim$ 所决定的分拆.

例 1.13. 定义映射 $f: \mathbb{Z} \to \{0,1\}$，其中 $f(2n) = 0$，$f(2n+1) = 1$. 则映射 f 决定的等价关系和分拆即与例 1.11 给出的等价关系是同一等价关系.

例 1.14. 设 $f: \mathbb{R}^2 = \mathbb{R} \times \mathbb{R} \to \mathbb{R}$ 为实数减法映射 $(x,y) \mapsto x-y$，则 $f^{-1}(a)$ 为直线 $y = x-a$. 实平面 $\mathbb{R}^2$ 由映射 f 决定的分拆即是平行直线束 $y = x-a$ ($a \in \mathbb{R}$) 的不交并.

1.2 求和与求积符号

代数运算中常常需要对一串数进行加法和乘法. 此时**求和符号** $\sum$ 与**求积符号** $\prod$ 使得记法更加方便.

首先，假设有 n 个数 $a_1, \cdots, a_n$，则我们用

$$\sum_{i=1}^{n} a_i \quad \text{表示} \quad a_1 + a_2 + \cdots + a_n.$$

同样用

$$\prod_{i=1}^{n} a_i \quad \text{表示} \quad a_1 a_2 \cdots a_n.$$

这里 $\sum$ 与 $\prod$ 下标中的 i 称为**指标**，下标 $i=1$ 和上标 n，表示指标 i 从 1 开始到 n 结束，$\sum$ 和 $\prod$ 即表示对由 n 个指标对应的 n 个数 a_i 的求和与求积.

注意到指标的具体字母表述不重要，既可以用 i 表示，也可以用 j 或 x 或其他字母表示，即

$$\sum_{i=1}^{n} a_i = \sum_{j=1}^{n} a_j = \sum_{x=1}^{n} a_x.$$

上述概念可以做进一步推广. 设 I 为有限集合，对 I 中任何元素 i 对应数 a_i，则我们用 $\sum_{i \in I} a_i$ 表示所有 a_i 的和，用 $\prod_{i \in I} a_i$ 表示所有 a_i 的积. I 称为**指标集**，I 中元素称为**指标**. 如果指标集 I 从上下文容易得知，我们也常常将 $\sum_{i \in I} a_i$ 简记为 $\sum_i a_i$.

例 1.15. $\sum_{i=1}^{n} a_i = \sum_{i \in \{1, \cdots, n\}} a_i.$

例 1.16. 设 n 为正整数，f 为 $\mathbb{Z}_+ \to \mathbb{R}$ 的函数，则和式

$$\sum_{\substack{1 \leq d \leq n, \\ d \text{ 为偶数}}} f(d) \quad \text{与} \quad \sum_{k=1}^{[\frac{n}{2}]} f(2k)$$

都表示对所有 $f(d)$（其中 d 为 1 到 n 间的偶数）的求和，此处符号 $[x]$ 称为 x 的**高斯函数**，表示 x 的整数部分，即不大于 x 的最大整数。

例 1.17. 如果对任意指标 $i \in I$ 均有 $a_i \equiv 1$，则 $\sum_{i \in I} 1 = |I|$，即 I 的元素个数。

例 1.18. 设 I 与 J 均为有限集合，则它们的笛卡儿积 $I \times J$ 也是有限集合。如数 a_{ij} 是由元素 $(i,j) \in I \times J$ 决定的数，则和式

$$\sum_{(i,j) \in I \times J} a_{ij} = \sum_{i \in I}(\sum_{j \in J} a_{ij}) = \sum_{j \in J}(\sum_{i \in I} a_{ij}) \tag{1.7}$$

均表示对所有 a_{ij} 的求和。特别地，我们有

$$\sum_{i=1}^{m} \sum_{j=1}^{n} a_{ij} = \sum_{i=1}^{m}(\sum_{j=1}^{n} a_{ij}) = \sum_{j=1}^{n}(\sum_{i=1}^{m} a_{ij}). \tag{1.8}$$

例 1.19. 如果有限集 I 是非空集合 I_1 与 I_2 的不交并，则由定义易知

$$\sum_{i \in I} a_i = \sum_{i \in I_1} a_i + \sum_{i \in I_2} a_i, \quad \prod_{i \in I} a_i = \prod_{i \in I_1} a_i \cdot \prod_{i \in I_2} a_i. \tag{1.9}$$

由于 $I = I \bigsqcup \varnothing$ 为 I 与空集的不交并，为使上述等式对任何不交并成立，我们总是定义

$$\sum_{i \in \varnothing} a_i = 0, \quad \prod_{i \in \varnothing} a_i = 1. \tag{1.10}$$

对于求和与求积符号，容易看出如下性质成立。

命题 1.20. (1) $\sum_{i \in I}(\alpha a_i + \beta b_i) = \alpha \sum_{i \in I} a_i + \beta \sum_{i \in I} b_i$。
(2) $\prod_{i \in I}(a_i b_i) = \prod_{i \in I} a_i \cdot \prod_{i \in I} b_i$。

例 1.21. 设 $n \in \mathbb{Z}_+$，则

$$a^n - b^n = (a-b) \cdot \sum_{k=0}^{n-1} a^k b^{n-1-k}.$$

例 1.22. 对于 $k = 0, 1$ 和 2，计算 1 到 n 的 k 次方和：

$$A_k = \sum_{i=1}^{n} i^k.$$

解. (i) 对于 $k = 0$，则 i^k 恒等于 1。故

$$A_0 = \sum_{i=1}^{n} 1 = n. \tag{1.11}$$

(ii) 对于 $k=1$, 注意到如 i 从 1 变化到 n, 则 $n+1-i$ 从 n 变化到 1. 故

$$A_1 = \sum_{i=1}^{n} i = \sum_{i=1}^{n}(n+1-i) = \sum_{i=1}^{n}(n+1) - \sum_{i=1}^{n} i = n(n+1) - A_1,$$

因此

$$A_1 = \sum_{i=1}^{n} i = \frac{n(n+1)}{2}. \tag{1.12}$$

(iii) 对于 $k=2$, 由恒等式

$$(i+1)^3 = i^3 + 3i^2 + 3i + 1,$$

故

$$\sum_{i=1}^{n}(i+1)^3 = \sum_{i=1}^{n} i^3 + 3\sum_{i=1}^{n} i^2 + 3\sum_{i=1}^{n} i + \sum_{i=1}^{n} 1.$$

等号左边与右边第一项消去 $\sum_{i=2}^{n} i^3$, 即

$$\sum_{i=2}^{n+1} i^3 - \sum_{i=1}^{n} i^3 = 3A_2 + 3A_1 + n,$$

$$(n+1)^3 - 1 = 3A_2 + \frac{3n(n+1)}{2} + n.$$

对 A_2 解此等式, 即得

$$A_2 = \sum_{i=1}^{n} i^2 = \frac{n(n+1)(2n+1)}{6}. \tag{1.13}$$

□

定理 1.23 (牛顿二项式定理, Newton binomial theorem). 设 n 为正整数, 则

$$(x+y)^n = \sum_{k=0}^{n} C_n^k x^k y^{n-k} = \sum_{k=0}^{n} \binom{n}{k} x^k y^{n-k}. \tag{1.14}$$

此处 $\binom{n}{k} = C_n^k = \dfrac{n!}{k!(n-k)!}$.

注记. 组合数 C_n^k 与 $\binom{n}{k}$ 均表示在 n 个不同元素中取 k 个元素的组合个数, 实际上是同一记号. 在中学数学我们常用记号 C_n^k, 在高等数学中更习惯使用记号 $\binom{n}{k}$.

证明. 对 n 个 $(x+y)$ 的乘积展开要得到项 $x^k y^{n-k}$, 这说明要在 n 个 $(x+y)$ 中取 k 个 x, 取 $n-k$ 个 y, 故 $x^k y^{n-k}$ 的系数是 $\binom{n}{k} = \dfrac{n!}{k!(n-k)!}$. □

定理 1.24 (容斥原理). 设 A_i, $i = 1, \cdots, n$ 为某固定集合 U 的有限子集, 则

$$|A_1 \cup \cdots \cup A_n| = \sum_{j=1}^{n} (-1)^{j-1} \sum_{\{i_1,\cdots,i_j\} \subseteq \{1,\cdots,n\}} |A_{i_1} \cap \cdots \cap A_{i_j}|. \tag{1.15}$$

此处 $\{1,\cdots,n\}$ 过 $\{1,\cdots,n\}$ 的所有 j 元子集.

证明. 对集合的个数 n 用归纳法, 其中 $n=2$ 的情形即命题 1.1. □

定理 1.25 (阿贝尔变换, Abel transformation, 或谓分部求和, summation by parts). 对于 $k = 1, 2, \cdots, n$, 令

$$\sum_{i=1}^{k} a_i = S_k,$$

令 $S_0 = 0$, 则

$$\sum_{i=1}^{n} a_i b_i = S_n b_n + \sum_{i=1}^{n-1} S_i(b_i - b_{i+1}). \tag{1.16}$$

证明. 由于 $a_i = S_i - S_{i-1}$ 对 $i = 1, \cdots, n$ 均成立, 故

$$\sum_{i=1}^{n} a_i b_i = \sum_{i=1}^{n} (S_i - S_{i-1}) b_i = \sum_{i=1}^{n} S_i b_i - \sum_{i=0}^{n-1} S_i b_{i+1}$$

$$= S_n b_n + \sum_{i=0}^{n-1} S_i (b_i - b_{i+1}) - S_0 b_1 = S_n b_n + \sum_{i=1}^{n-1} S_i(b_i - b_{i+1}).$$

定理得证. □

注记. 阿贝尔求和公式在数学分析中, 特别是在研究数项级数和函数项级数收敛性时十分有用.

下面我们举一个应用阿贝尔求和的例子.

例 1.26. 下述两等式成立:

$$\sum_{i=0}^{n} x^i = \begin{cases} \dfrac{x^{n+1} - 1}{x - 1}, & \text{如果 } x \neq 1, \\ n + 1, & \text{如果 } x = 1. \end{cases} \tag{1.17}$$

$$\sum_{i=0}^{n} i x^i = \begin{cases} \dfrac{nx^{n+2} - (n+1)x^{n+1} + x}{(x-1)^2}, & \text{如果 } x \neq 1, \\ \dfrac{n(n+1)}{2}, & \text{如果 } x = 1. \end{cases} \tag{1.18}$$

解. (1.17) 立得.

对于 (1.18)，如 $x = 1$，则 $\sum_{i=0}^{n} i = \frac{n(n+1)}{2}$. 如 $x \neq 1$，令 $a_i = x^i$, $b_i = i$，由 (1.17) 知 $S_k = \sum_{i=0}^{k} x^i = \frac{x^{k+1}-1}{x-1}$. 令 $S_{-1} = 0$，故由阿贝尔求和公式，

$$\sum_{i=0}^{n} ix^i = S_n \cdot n + \sum_{i=0}^{n-1} S_i(b_i - b_{i+1})$$

$$= \frac{n(x^{n+1}-1)}{x-1} - \frac{1}{x-1} \sum_{i=0}^{n-1}(x^{i+1}-1)$$

$$= \frac{n(x^{n+1}-1)}{x-1} - \frac{1}{x-1}(\frac{x^{n+1}-x}{x-1} - n)$$

$$= \frac{n(x-1)(x^{n+1}-1) - x^{n+1} + x + n(x-1)}{(x-1)^2}$$

$$= \frac{nx^{n+2} - (n+1)x^{n+1} + x}{(x-1)^2}.$$

等式得证. □

1.3 复 数

1.3.1 复数域的定义

我们已经学习过自然数、整数和实数的概念. 本节将引入实数的进一步推广, 即复数.

所谓**复数** (complex number), 即形如 $z = x + yi$ 的数, 其中 x, y 为实数, $i^2 = -1$. 由于 i 不可能为实数 (实数平方为非负实数), 故复数一般不是实数. 我们称 x 为 z 的**实部** (real part), 记为 $\mathrm{Re}(z)$, 称 y 为 z 的**虚部** (imaginary part), 记为 $\mathrm{Im}(z)$. 所有复数的集合记为 $\mathbb{C}$.

在复数集 $\mathbb{C}$ 上我们定义如下的**加法和乘法运算**. 对于 $z_1 = x_1 + y_1 i, z_2 = x_2 + y_2 i$, 令

$$z_1 + z_2 = (x_1 + x_2) + (y_1 + y_2)i, \tag{1.19}$$

$$z_1 \cdot z_2 = (x_1 x_2 - y_1 y_2) + (x_1 y_2 + x_2 y_1)i. \tag{1.20}$$

容易看出

(1) 复数的加法与乘法满足交换律、结合律和分配律.

(2) 如果将实数 x 看成复数 $x+0\mathrm{i}$, 则两个实数在实数意义下的加法与乘法运算和在复数意义下的运算一致. 由此, 可以将实数集看成复数集中虚部为 0 的元素构成的子集. 另一方面, 我们称实部为 0 的复数为**纯虚数**.

(3) 对于复数 z, $0 = 0+0\mathrm{i}$ 和 $1 = 1+0\mathrm{i}$, 有

$$z + 0 = 0 + z = z,\ z \cdot 1 = 1 \cdot z = z.$$

(4) 对于复数 $z = x+y\mathrm{i}$, 存在唯一的复数 $-z = (-x)+(-y)\mathrm{i}$ 使得

$$z + (-z) = (-z) + z = 0.$$

由 (4), 我们可以定义复数集 $\mathbb{C}$ 上的**减法运算**

$$z_1 - z_2 = z_1 + (-z_2). \tag{1.21}$$

(5) 对于 $z = x+y\mathrm{i}$, z 的**共轭复数** $\bar{z}$ 定义为 $x-y\mathrm{i}$. 由复数乘法知

$$z \cdot \bar{z} = x^2 + y^2.$$

故当 $z \neq 0$ 时, 存在唯一复数

$$z^{-1} = \frac{\bar{z}}{x^2+y^2} = \frac{x}{x^2+y^2} - \frac{y\mathrm{i}}{x^2+y^2} \tag{1.22}$$

使得

$$z \cdot z^{-1} = z^{-1} \cdot z = 1.$$

由此可以定义复数集 $\mathbb{C}$ 上的**除法运算**

$$\frac{z_1}{z_2} = z_1 \cdot z_2^{-1}\ (z_2 \neq 0). \tag{1.23}$$

如上所示, 我们在复数集 $\mathbb{C}$ 上定义了四则运算, 并且满足相应的交换律、结合律和分配律. 这样就得到复数域 $\mathbb{C}$. 我们有如下的集合包含关系

$$\mathbb{N} \subseteq \mathbb{Z} \subseteq \mathbb{Q} \subseteq \mathbb{R} \subseteq \mathbb{C}.$$

1.3.2 复数的几何意义与复平面

在高中数学学习中, 我们用一条直线, 即实数轴来表示实数. 在复数 $z = x+y\mathrm{i}$ 中有两个实变量, 故可以用平面上的点 (x,y) 来表示复数, 此平面即称为**复平面**, x 轴称为**实轴**, y 轴称为**虚轴**.

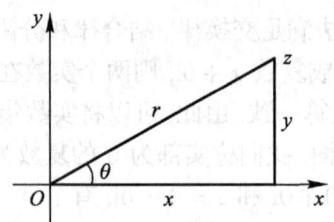

图 1.6 复数的模与辐角

设点 z 与坐标原点 O (即点 0) 的距离为 r, Oz 与 x 轴的夹角为 θ (参见图 1.6). 则根据三角函数公式, 有

$$x = r\cos\theta, \quad y = r\sin\theta. \tag{1.24}$$

即

$$z = r(\cos\theta + \mathrm{i}\sin\theta). \tag{1.25}$$

定义 1.27. 非负实数 $r = \sqrt{x^2 + y^2}$ 称为 z 的**模**, 也记为 $|z|$; 角度 θ 称为 z 的**辐角**.

注记. 注意到复数 z 的模为 0 当且仅当 $z = 0$, 此时辐角 θ 可以取任意值. 当 $z \neq 0$ 时, 如果 θ 满足 (1.24), 则对所有整数 n, $\theta + 2n\pi$ 也满足 (1.24). 所有这些角度 $\theta + 2n\pi (n \in \mathbb{Z})$ 均是 z 的辐角, 其中有且仅有一个角度 θ_0 满足条件 $0 \leqslant \theta_0 < 2\pi$, 此角度称为 z 的**辐角主值**.

由 z 的几何意义可以看出, z 的共轭 $\bar{z}$ 即是点 z 关于 x 轴的对称点 $(x, -y)$. 我们有

$$\bar{z} = r(\cos\theta - \mathrm{i}\sin\theta), \quad z \cdot \bar{z} = r^2 = |z|^2. \tag{1.26}$$

我们不加证明地引入

定理 1.28 (欧拉公式, Euler formula). 设 $\theta \in \mathbb{R}$, e 是自然对数底, 则

$$\mathrm{e}^{\mathrm{i}\theta} = \cos\theta + \mathrm{i}\sin\theta. \tag{1.27}$$

对于此公式的证明我们将在复变函数课程中学习到. 我们可以认为它给出 z 的一种简洁记录方式. 由欧拉公式容易看出

$$z = r\mathrm{e}^{\mathrm{i}\theta}, \quad \bar{z} = r\mathrm{e}^{-\mathrm{i}\theta}, \quad z^{-1} = \frac{1}{r}\mathrm{e}^{-\mathrm{i}\theta}. \tag{1.28}$$

命题 1.29. 如 $z_1 = r_1(\cos\theta_1 + \mathrm{i}\sin\theta_1) = r_1\mathrm{e}^{\mathrm{i}\theta_1}$, $z_2 = r_2(\cos\theta_2 + \mathrm{i}\sin\theta_2) = r_2\mathrm{e}^{\mathrm{i}\theta_2}$, 则

$$z_1 \cdot z_2 = r_1 r_2(\cos(\theta_1 + \theta_2) + \mathrm{i}\sin(\theta_1 + \theta_2)) = r_1 r_2 \mathrm{e}^{\mathrm{i}(\theta_1 + \theta_2)}.$$

即复数相乘相当于模相乘, 辐角相加.

证明. 本命题是欧拉公式的简单推论. 此处我们不使用欧拉公式, 只用定义和三角函数和角公式来证明. 实际上,

$$z_1 z_2 = r_1 r_2((\cos\theta_1 \cos\theta_2 - \sin\theta_1 \sin\theta_2) + \mathrm{i}(\cos\theta_1 \sin\theta_2 + \cos\theta_2 \sin\theta_1))$$
$$= r_1 r_2(\cos(\theta_1 + \theta_2) + \mathrm{i}\sin(\theta_1 + \theta_2)),$$

命题证毕. □

推论 1.30 (棣莫弗公式, De Moivre formula). 对于整数 n 和实数 r 与 φ, 总有

$$[r(\cos\varphi + \mathrm{i}\sin\varphi)]^n = r^n(\cos n\varphi + \mathrm{i}\sin n\varphi). \tag{1.29}$$

例 1.31. 求出所有满足条件 $z^n = 1$ 的复数 z 的集合.

解. 设 $z = r(\cos\theta + \mathrm{i}\sin\theta)$, 则

$$z^n = r^n(\cos n\theta + \mathrm{i}\sin n\theta).$$

如 $z^n = 1$, 则

$$\begin{cases} r^n = 1, \\ \cos n\theta = 1, \ \sin n\theta = 0. \end{cases}$$

解得

$$r = 1, \quad \theta = \frac{2k\pi}{n} \ (k \in \mathbb{Z}).$$

由于余弦函数与正弦函数为周期函数, 故

$$z = \cos\frac{2k\pi}{n} + \mathrm{i}\sin\frac{2k\pi}{n} \ (0 \leqslant k < n).$$

令 $\zeta_n = \cos\frac{2\pi}{n} + \mathrm{i}\sin\frac{2\pi}{n}$, 则满足 $z^n = 1$ 的复数集为

$$\mu_n = \{1, \zeta_n, \cdots, \zeta_n^{n-1}\} = \{\mathrm{e}^{\frac{2k\pi\mathrm{i}}{n}} \mid 0 \leqslant k \leqslant n-1\}. \tag{1.30}$$

注意到它对应单位圆周上的 n 个点, 恰好构成一个正 n 边形. □

注记. 满足 $z^n = 1$ 的复数 $z = \zeta_n^k$ 称为 n 次单位根 (root of unity). 如果元素 ζ 是 n 次单位根但对于所有 $1 \leqslant m < n$, 不是 m 次单位根, 则称 ζ 为 n 次**本原单位根** (primitive root of unity). 可以看出 ζ_n 是 n 次本原单位根.

例 1.32. 试求 $\sum\limits_{k=0}^{n} \cos k\theta$ 与 $\sum\limits_{k=0}^{n} \sin k\theta$.

解. 令 $z = \cos\theta + \mathrm{i}\sin\theta$, 则
$$\sum_{k=0}^{n} z^k = \sum_{k=0}^{n} \cos k\theta + \mathrm{i}\sum_{k=0}^{n} \sin k\theta.$$

只需求
$$\sum_{k=0}^{n} z^k = \begin{cases} \dfrac{z^{n+1}-1}{z-1}, & \text{如果 } z \neq 1, \\ n+1, & \text{如果 } z = 1 \end{cases}$$

的实部与虚部即可. 如 $z \neq 1$,
$$\begin{aligned}
z - 1 &= (\cos\theta - 1) + \mathrm{i}\sin\theta \\
&= -2\sin^2\frac{\theta}{2} + 2\mathrm{i}\sin\frac{\theta}{2}\cos\frac{\theta}{2} \\
&= -2\sin\frac{\theta}{2}(\cos(\frac{\pi}{2}-\frac{\theta}{2}) - \mathrm{i}\sin(\frac{\pi}{2}-\frac{\theta}{2})) \\
&= -2\sin\frac{\theta}{2}\,\mathrm{e}^{\mathrm{i}(\frac{\theta}{2}-\frac{\pi}{2})}.
\end{aligned}$$

同理
$$z^{n+1} - 1 = -2\sin\frac{n+1}{2}\theta\,\mathrm{e}^{\mathrm{i}(\frac{n+1}{2}\theta - \frac{\pi}{2})}.$$

故
$$\frac{z^{n+1}-1}{z-1} = \frac{\sin\dfrac{n+1}{2}\theta}{\sin\dfrac{\theta}{2}}\mathrm{e}^{\mathrm{i}\frac{n}{2}\theta}.$$

所以
$$\sum_{k=0}^{n} \cos k\theta = \begin{cases} \dfrac{\sin\dfrac{n+1}{2}\theta}{\sin\dfrac{\theta}{2}}\cos\dfrac{n}{2}\theta, & \text{如 } \theta \neq 2m\pi, \\ n+1, & \text{如 } \theta = 2m\pi. \end{cases}$$

$$\sum_{k=0}^{n} \sin k\theta = \begin{cases} \dfrac{\sin\dfrac{n+1}{2}\theta}{\sin\dfrac{\theta}{2}}\sin\dfrac{n}{2}\theta, & \text{如 } \theta \neq 2m\pi, \\ 0, & \text{如 } \theta = 2m\pi. \end{cases}$$

故得所求.

习 题

习题 1.1. 对于任何集合 X, 我们用 id_X 表示 X 到自身的恒等映射. 设 $f: A \to B$ 是集合间的映射, A 是非空集合. 试证:

(1) f 为单射当且仅当存在 $g: B \to A$, 使得 $g \circ f = \mathrm{id}_A$;

(2) f 为满射当且仅当存在 $h: B \to A$, 使得 $f \circ h = \mathrm{id}_B$;

(3) f 为双射当且仅当存在唯一的 $g: B \to A$, 使得 $f \circ g = \mathrm{id}_B, g \circ f = \mathrm{id}_A$.

这里的 g 称为 f 的**逆映射**, 通常也记为 f^{-1}. 证明双射的逆映射也是双射, 并讨论逆映射与映射的原像集合之间的关系.

习题 1.2. 如果 $f: A \to B, g: B \to C$ 均是一一对应, 则 $g \circ f: A \to C$ 也是一一对应, 且 $(g \circ f)^{-1} = f^{-1} \circ g^{-1}$.

习题 1.3. 设 A 是有限集, $P(A)$ 是 A 的全部子集 (包括空集) 所构成的集族, 试证 $|P(A)| = 2^{|A|}$, 换言之, n 元集合共有 2^n 个子集.

习题 1.4. 设 $P(A)$ 是集合 A 的全部子集所构成的集族, $M(A)$ 为所有 A 到集合 $\{0, 1\}$ 的映射构成的集合. 试构造 $P(A)$ 到 $M(A)$ 的双射.

习题 1.5. 设 X 是无限集, Y 是 X 的有限子集. 证明存在双射 $X - Y \to X$.

习题 1.6. 证明等价关系的三个条件是互相独立的, 也就是说, 已知任意两个条件不能推出第三个条件.

习题 1.7. 设集合 A 中关系满足对称性和传递性, 且 A 中任意元素都和某元素有关系, 证明此关系为等价关系.

习题 1.8. 设 A, B 是两个有限集合.

(1) A 到 B 的不同映射共有多少个?

(2) A 上不同的二元运算共有多少个?

习题 1.9. 证明容斥原理 (定理 1.24).

习题 1.10. 试求 1 到 n 的三次方和 A_3 与四次方和 A_4.

习题 1.11. 试求下列式子的值:

(1) $\sum_{k=0}^{n} (-1)^k \binom{n}{k}$, (2) $\sum_{i=1}^{n} \frac{1}{i(i+1)}$,

(3) $\prod_{k=1}^{n} \frac{k+1}{k}$, (4) $\sum_{i=1}^{n} \sum_{j=1}^{n} (i+j)^2$.

习题 1.12. 设集合 X 的元素个数为 n, 非负整数 $m_1 + \cdots + m_k = n$. 试求将 X 分为 k 个子集且每个子集恰好有 $m_1, \cdots, m_k$ 个元素的分拆数.

习题 1.13. 试计算:

(1) $\dfrac{(1+\mathrm{i})^5}{(1-\mathrm{i})^3}$,

(2) $\left(-\dfrac{1}{2}\pm\mathrm{i}\dfrac{\sqrt{3}}{2}\right)^3$,

(3) $(1+\mathrm{i})^{4n}$, $(n\in\mathbb{Z})$,

(4) $\left(\dfrac{\sqrt{3}+\mathrm{i}}{1-\mathrm{i}}\right)^{30}$.

习题 1.14. 在复数范围内求解方程:

(1) $z^2 = 3 + 2\mathrm{i}$,

(2) $z^2 + z + 1 = 0$.

习题 1.15. 试用复数表示圆心为 z_0, 半径为 r 的圆的方程.

习题 1.16. 试求所有的复数 z, 它与

(1) z^2, 或

(2) z^3

共轭.

习题 1.17. 证明若 $z + z^{-1} = 2\cos\varphi$, 则对于 $n \in \mathbb{Z}$, $z^n + z^{-n} = 2\cos n\varphi$.

习题 1.18. 证明复数 z 是实数当且仅当 $\bar{z} = z$, z 是纯虚数当且仅当 $\bar{z} = -z$.

习题 1.19. 证明如果复数 z 是实数 α 的 n 次方根, 则它的共轭 $\bar{z}$ 也是 α 的 n 次方根.

习题 1.20. 解方程 $(z+1)^n + (z-1)^n = 0$.

第二章 初识群、环、域

现代代数学的基础是群、环和域的理论,它的起源来自于三个方面:数论、代数方程的求解以及几何学.

在数论方面,主要是整数的同余理论,也称为模的算术. 这方面的工作包括费马 (Fermat) 和欧拉的工作,最后在高斯 (Gauss) 1801 年出版的不朽名著《算术研究》中集大成. 中国人为之骄傲的中国剩余定理 (孙子定理) 是同余理论一个中心定理.

代数方程的根式求解吸引了拉格朗日 (Lagrange) 等著名数学家的研究,在阿贝尔和伽罗瓦 (Galois) 的手中得到彻底解决. 伽罗瓦在 1830 年左右首先提出了群的思想. 实际上他研究的是置换群的理论. 由此他证明了一般五次或以上代数方程根式不可解. 他关于对称群的工作在柯西 (Cauchy) 和凯莱 (Cayley) 等人手中继续得到发展.

群在几何上的作用首先体现在射影几何的研究上. 1871 年, 克莱因 (Klein) 提出著名的爱尔兰根纲领,指出几何学是变换群的几何. 从此群论和代数工具在几何学研究中起着越来越重要的作用.

1880 年以后, 这三个方面融合在一起, 开启了抽象群论和抽象代数的研究. 本书的主要目的是给出群、环、域的概念和基本性质,并在此基础上讲述循环群与对称群,整数与多项式的理论.

2.1 群

2.1.1 群的定义和例子

我们首先给出群的定义.

定义 2.1. 集合 G 及其上的二元运算 $\cdot$ 称为**群** (group), 如果它们满足下述三条公理:

(1) 结合律成立, 即对任何元素 $a, b, c \in G$, 均有 $(a \cdot b) \cdot c = a \cdot (b \cdot c)$.

(2) 存在**单位元** (identity element) $1 = 1_G$, 即对任意 $a \in G$,
$$a \cdot 1 = 1 \cdot a = a.$$

单位元也称为**幺元**.

(3) G 上每个元素 a 均有**逆元** (inverse), 即存在元素 $a^{-1} \in G$ 使得
$$a \cdot a^{-1} = a^{-1} \cdot a = 1.$$

称二元运算 $\cdot$ 为**群的乘法** (multiplication).

注记. (1) 习惯上, 我们常常省略乘法运算, 称 G 为群, 且记 $a \cdot b$ 为 ab.

(2) 如果 $(G, \cdot)$ 仅满足结合律, 我们称之为**半群** (semigroup); 如果 $(G, \cdot)$ 满足结合律且存在单位元, 我们称之为**含幺半群** (monoid).

命题 2.2. 设 G 为群, 则下述性质成立:

(1) G 中元素的逆元唯一, 即元素 a 的逆 a^{-1} 是唯一确定的.

(2) **消去律**成立, 即: 如果 $ab = ac$, 则 $b = c$; 如果 $ba = ca$, 则 $b = c$.

证明. (1) 如果 b, c 为 $a \in G$ 的逆元, 则
$$b = b \cdot 1 = b(ac) = (ba)c = 1 \cdot c = c.$$

(2) 如果 $ab = ac$, 则 $a^{-1}(ab) = a^{-1}(ac)$, 由结合律即得 $b = c$. □

定义 2.3. 如果群 G 的元素个数有限, 称 G 为**有限群** (finite group), 其元素个数称为 G 的**阶** (order). 如 G 的元素个数无限, 称 G 为**无限群** (infinite group), 其阶记为无穷.

定义 2.4. 如果群 G 上的乘法运算满足交换律, 我们称 G 为**阿贝尔群** (abelian group), 亦称为**交换群** (commutative group). 我们常常用加法 + 来表示阿贝尔群 G 的二元运算, 并将其上的单位元记为 0 或 0_G, 将 a 的逆元记为 $-a$.

下面给出群的一些例子.

例 2.5. 由群的定义知, 群 G 一定包含单位元 1_G. 另一方面, 仅由单位元构成的集合 $\{1\}$ 在乘法 $1 \cdot 1 = 1$ 下满足群的三个公理, 因此它构成群.

例 2.6. (1) 集合 $\mathbb{Z}, \mathbb{Q}, \mathbb{R}, \mathbb{C}$ 在加法运算下构成无限阿贝尔群, 0 为加法单位元.

(2) 集合 $\mathbb{Q}^\times, \mathbb{R}^\times, \mathbb{C}^\times$ 在乘法运算下构成阿贝尔群, 1 为乘法单位元. 这儿的 $\mathbb{Q}^\times = \mathbb{Q} - \{0\}$, $\mathbb{R}^\times$ 与 $\mathbb{C}^\times$ 也是类似定义的.

(3) 对于任意的 $n \in \mathbb{Z}_+$, 令 $\mu_n = \{z \mid z \in \mathbb{C}, z^n = 1\}$ 为 $\mathbb{C}$ 中 n 次单位根全体, 特别地, $\mu_2 = \{1, -1\}$. 则 μ_n 在复数乘法意义下构成 n 阶群. 令 $S^1 = \{z \mid z \in \mathbb{C}, |z| = 1\}$ 为复平面上单位圆集合, 它在复数乘法意义下构成无限乘法群.

图 2.1 恰有一个不动点的情形　　　　图 2.2 所有顶点都动的情形

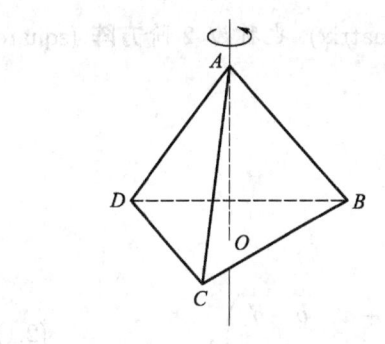

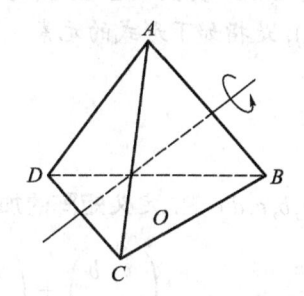

例 2.7 (正四面体的旋转群). 考虑所有保持四面体 $ABCD$ 不变的旋转变换, 这里有三种情况.

(1) 有两个顶点不动, 则剩下两个点也不动, 故为恒等变换.

(2) 有且仅有一个顶点不动 (参见图 2.1). 不妨设 A 点不动, 则正三角形 BCD 的中心 O 也不动. 以 AO 为轴的旋转变换通过旋转 $\frac{2\pi}{3}$ 或 $\frac{4\pi}{3}$ 将 B, C, D 旋转到 C, D, B 或 D, B, C, 共有两个变换. 若考虑一般情形, 将顶点 A 变动, 则共得到 $4 \times 2 = 8$ 种旋转变换.

(3) 所有顶点都动 (参见图 2.2). 若 A 旋转到 B, 则 B 不能旋转到 C 或 D (否则 D 或 C 不动), 即 B 必然旋转到 A. 因此 C 旋转到 D, D 旋转到 C. 即 AB 中点 M 与 CD 中点 N 连接的直线保持不动. 这样的情况共有 3 种.

若以变换复合作为乘法, 这 12 种正四面旋转变换的全体构成群, 恒等变换为其单位元. 可以验证第二类变换和第三类变换的复合不交换, 故正四面体的旋转变换群是 12 阶非阿贝尔群.

例 2.8. 更一般地, 设 S 是一个刚体, 即不可压缩和拉伸的物体. 保持 S 不变的运动构成一个群, 称为 S 的**刚体运动群**. 一般而言它不是阿贝尔群.

例 2.9 (对称群). 设 A 为非空集合. 记 A 到自身的映射集合为 M_A. A 到自身的一一对应称为 A 的**置换** (permutation). 记 A 的所有置换构成的集合为 S_A. 则 M_A 在映射复合作为乘法意义下是含幺半群但不是群, 而 S_A 是群, 其单位元为恒等映射. 我们称 S_A 为 A 的**对称群** (symmetric group) 或**置换群** (permutation group).

特别地, 设 $A = \{1, 2, \cdots, n\}$, 记 $S_A = S_n$, 则 S_n 为 $\{1, \cdots, n\}$ 所有置换构成的集合. 我们知道 S_n 中含有 $n!$ 个置换. 如果 $n = 2$, 则 $S_2 = \{\text{id}, \tau\}$, 其中 id 是集合 $\{1, 2\}$ 上的恒等变化, 而 $\tau(1) = 2, \tau(2) = 1$. 容易验证, S_2 为阿贝尔群, 而当 $n \geqslant 3$ 时, S_n 不是阿贝尔群.

例 2.10. 实数集合 $\mathbb{R}$ 上的 2×2 **矩阵** (matrix), 也称为 2 阶**方阵** (square matrix), 是指如下形式的元素

$$A = \begin{pmatrix} a & b \\ c & d \end{pmatrix},$$

其中 $a, b, c, d \in \mathbb{R}$. 定义矩阵的加法为

$$\begin{pmatrix} a & b \\ c & d \end{pmatrix} + \begin{pmatrix} a' & b' \\ c' & d' \end{pmatrix} := \begin{pmatrix} a+a' & b+b' \\ c+c' & d+d' \end{pmatrix}, \tag{2.1}$$

定义矩阵的乘法为

$$\begin{pmatrix} a & b \\ c & d \end{pmatrix} \begin{pmatrix} a' & b' \\ c' & d' \end{pmatrix} := \begin{pmatrix} aa'+bc' & ab'+bd' \\ ca'+dc' & cb'+dd' \end{pmatrix}. \tag{2.2}$$

则

(1) 所有 $\mathbb{R}$ 上 2 阶方阵的集合 $M_2(\mathbb{R})$ 构成加法交换群, 零矩阵 $\mathbf{0} = \begin{pmatrix} 0 & 0 \\ 0 & 0 \end{pmatrix}$ 是加法单位元.

(2) (i) 矩阵的乘法运算满足结合律, 即对任意的矩阵 $\mathbf{A}, \mathbf{B}, \mathbf{C} \in M_2(\mathbb{R})$,

$$(\mathbf{AB})\mathbf{C} = \mathbf{A}(\mathbf{BC}).$$

(ii) 矩阵 $\mathbf{I} = \begin{pmatrix} 1 & 0 \\ 0 & 1 \end{pmatrix}$ 是乘法单位元, 即

$$\begin{pmatrix} a & b \\ c & d \end{pmatrix} \begin{pmatrix} 1 & 0 \\ 0 & 1 \end{pmatrix} = \begin{pmatrix} a & b \\ c & d \end{pmatrix} = \begin{pmatrix} 1 & 0 \\ 0 & 1 \end{pmatrix} \begin{pmatrix} a & b \\ c & d \end{pmatrix}.$$

这里的 $\mathbf{I}$ 也被称为 (2 阶) 单位阵.

(iii) 如 $\delta = ad - bc \neq 0$. 令

$$\begin{pmatrix} a' & b' \\ c' & d' \end{pmatrix} = \begin{pmatrix} \dfrac{d}{\delta} & -\dfrac{b}{\delta} \\ -\dfrac{c}{\delta} & \dfrac{a}{\delta} \end{pmatrix},$$

则

$$\begin{pmatrix} a & b \\ c & d \end{pmatrix} \begin{pmatrix} a' & b' \\ c' & d' \end{pmatrix} = \begin{pmatrix} a' & b' \\ c' & d' \end{pmatrix} \begin{pmatrix} a & b \\ c & d \end{pmatrix} = \begin{pmatrix} 1 & 0 \\ 0 & 1 \end{pmatrix}.$$

由 (i), (ii), (iii), 集合

$$\mathrm{GL}_2(\mathbb{R}) = \left\{ \begin{pmatrix} a & b \\ c & d \end{pmatrix} \mid a,b,c,d \in \mathbb{R}, ad - bc \neq 0 \right\} \tag{2.3}$$

在矩阵乘法的意义下构成群, 称为 2 阶**一般线性群** (general linear group). 作为练习, 可以证明 $\mathrm{GL}_2(\mathbb{R})$ 不是阿贝尔群.

(3) 我们可以定义**矩阵的数乘**为

$$k \begin{pmatrix} a & b \\ c & d \end{pmatrix} := \begin{pmatrix} ka & kb \\ kc & kd \end{pmatrix}. \tag{2.4}$$

容易验证, 对于任意的矩阵 $\boldsymbol{A}, \boldsymbol{B} \in M_2(R)$ 和实数 k, 有

$$k(\boldsymbol{AB}) = (k\boldsymbol{A})\boldsymbol{B} = \boldsymbol{A}(k\boldsymbol{B}).$$

(4) 将 2 换成 n, 域 $\mathbb{R}$ 换成 $\mathbb{Q}$ 或者 $\mathbb{C}$ 等就得到更一般的矩阵群. 这些我们将在解析几何和线性代数中逐步学习到.

例 2.11. 设 $SO_2(\mathbb{R})$ 是 $\mathrm{GL}_2(\mathbb{R})$ 中形如

$$\begin{pmatrix} \cos\theta & -\sin\theta \\ \sin\theta & \cos\theta \end{pmatrix}, \quad \theta \in \mathbb{R}$$

的元素构成的集合, 则根据矩阵乘法 (2.2),

$$\begin{pmatrix} \cos\theta_1 & -\sin\theta_1 \\ \sin\theta_1 & \cos\theta_1 \end{pmatrix} \begin{pmatrix} \cos\theta_2 & -\sin\theta_2 \\ \sin\theta_2 & \cos\theta_2 \end{pmatrix} = \begin{pmatrix} \cos(\theta_1+\theta_2) & -\sin(\theta_1+\theta_2) \\ \sin(\theta_1+\theta_2) & \cos(\theta_1+\theta_2) \end{pmatrix}$$

由此容易验证 $SO_2(\mathbb{R})$ 满足群的三条公理且满足交换律, 故 $SO_2(\mathbb{R})$ 是阿贝尔群, 称为 2 阶**特殊正交群** (special orthogonal group).

2.1.2 子群与直积

有了群的概念和例子, 我们希望研究群的结构, 并构造更多的群的例子. 为此, 我们需要引入子群与直积的概念.

定义 2.12. 设 G 为群. 如果 H 是 G 的子集, 且对 G 的乘法运算构成群, 则称 H 是 G 的**子群** (subgroup), 记为 $H \leqslant G$. 如果 $H \neq G$, 称 H 为 G 的**真子群** (proper subgroup), 记为 $H < G$.

例 2.13. 对任意群 G, $\{1\}$ 和 G 均是 G 的子群, 称为 G 的**平凡子群** (trivial subgroup).

例 2.14. 对于任意的 $n \in \mathbb{Z}_+$, 加法群 $n\mathbb{Z} := \{kn \mid k \in \mathbb{Z}\}$ 是 $\mathbb{Z}$ 的子群. 乘法群 μ_n 和 S^1 是 $\mathbb{C}^\times$ 的子群, 而 $\{\pm 1\}$ 是 $\mathbb{R}^\times$ 的子群.

由定义可知, 要验证 H 为 G 的子群, 只需验证如下三点:

(1) $1 \in H$;

(2) 如果 $a \in H$, 则 $a^{-1} \in H$;

(3) 如果 $a, b \in H$, 则 $ab \in H$.

命题 2.15. 非空子集 H 是群 G 的子群当且仅当对任意 $a, b \in H$ 均有 $ab^{-1} \in H$.

证明. 如果 $H \leqslant G$, 而 $a, b \in H$, 则 $b^{-1} \in H$, 故 $ab^{-1} \in H$. 反过来, 假定对任意 $x, y \in H$ 有 $xy^{-1} \in H$. 若取 $x = y \in H$, 则 $1 = xx^{-1} \in H$, 即单位元在 H 中. 若取 $x = 1, y = a$, 则 $1 \cdot a^{-1} = a^{-1} \in H$, 即逆元在 H 中. 若取 $x = a, y = b^{-1}$, 则 $a(b^{-1})^{-1} = ab \in H$, 即乘积在 H 中. 故 H 是 G 的子群. □

例 2.16. 令 $H = \left\{ \begin{pmatrix} 1 & a \\ 0 & 1 \end{pmatrix} \middle| a \in \mathbb{R} \right\}$, 则 H 是一般线性群 $\mathrm{GL}_2(\mathbb{R})$ 的子群. 这是因为

$$\begin{pmatrix} 1 & a \\ 0 & 1 \end{pmatrix} \cdot \begin{pmatrix} 1 & b \\ 0 & 1 \end{pmatrix}^{-1} = \begin{pmatrix} 1 & a-b \\ 0 & 1 \end{pmatrix}.$$

例 2.17 (二面体群). 设 P 是正 n 边形 ($n \geqslant 3$), 保持 P 不变的所有刚性变换有两种: 旋转 (rotation) 和反射 (reflection), 如图 2.3 所示.

记 D_n 为所有旋转和反射在复合意义下构成的群, 则 D_n 为正 n 边形的对称群, 称为**二面体群** (dihedral group). D_n 的所有元素包括: 恒等变换, $n-1$ 个旋转, n 个反射, 故为 $2n$ 阶群.

由于保持正 n 边形不变的每个刚性变换由它的 n 个顶点的置换唯一确定, 故 二面体群 D_n 是 S_n 的子群.

注记. 二面体群在不同文献中记为 D_n 或 D_{2n}. 习惯上, 几何学家喜欢用 D_n (强调正多边形的边数), 代数学家喜欢用 D_{2n} (强调正多边形对称群的阶).

定义 2.18. 设 G_1, G_2 为群, 则 G_1 与 G_2 (作为集合的) 的笛卡儿积 $G = G_1 \times G_2$ 在乘法运算

$$(g_1, g_2) \cdot (h_1, h_2) = (g_1 h_1, g_2 h_2)$$

下构成群: 它的单位元是 $1_G = (1_{G_1}, 1_{G_2})$, 元素 (g_1, g_2) 的逆是 (g_1^{-1}, g_2^{-1}). 群 G 称为 G_1 与 G_2 的**直积**, 或者称为**笛卡儿积**.

注记. (1) 由定义立知群的直积的阶等于群的阶的乘积.

(2) 如果 H_1 和 H_2 分别是 G_1 和 G_2 的子群, 则 $H_1 \times H_2$ 是 $G_1 \times G_2$ 的子群. 特别地, $G_1 \times G_2$ 有子群 $\{1_{G_1}\} \times G_2$ 和 $G_1 \times \{1_{G_2}\}$.

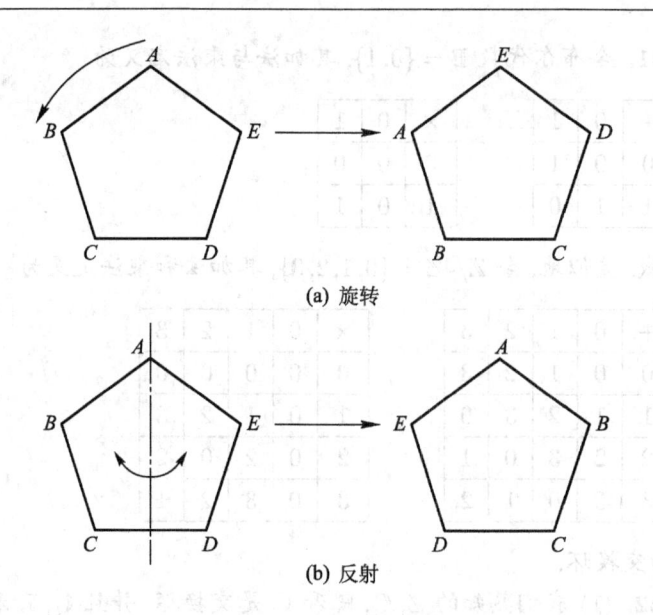

图 2.3 正 5 边形的旋转和反射

2.2 环 与 域

2.2.1 定义和例子

定义 2.19. 集合 R 称为 **(含幺) 环** (ring with identity), 是指 R 上存在加法和乘法两种运算, 且满足条件

(1) R 关于加法构成阿贝尔群 (我们记它的加法单位元为 0, 元素 a 的加法逆元称为 a 的**负元**);

(2) R 关于乘法满足结合律且有单位元 1 (即为乘法含幺半群);

(3) 加法和乘法运算满足**分配律** (distribution law), 即对任意 $\lambda, a, b \in R$,

$$\lambda(a+b) = \lambda a + \lambda b, \quad (a+b)\lambda = a\lambda + b\lambda. \tag{2.5}$$

进一步地, 如果乘法满足交换律, 则称 R 为**交换环** (commutative ring). 如果 $R - \{0\}$ 是乘法阿贝尔群, 则称 R 为**域** (field).

例 2.20. 设 $R = \{0\}$, 且其上加法和乘法为 $0 + 0 = 0 \cdot 0 = 0$, 则 R 构成环, 称为**零环**, 记为 0.

例 2.21. 令布尔代数 $\mathbb{B} = \{0, 1\}$, 其加法与乘法定义为

+	0	1
0	0	1
1	1	0

×	0	1
0	0	0
1	0	1

,

则 $\mathbb{B}$ 构成域. 类似地, 令 $\mathbb{Z}/4\mathbb{Z} = \{0, 1, 2, 3\}$, 其加法和乘法定义为

+	0	1	2	3
0	0	1	2	3
1	1	2	3	0
2	2	3	0	1
3	3	0	1	2

×	0	1	2	3
0	0	0	0	0
1	0	1	2	3
2	0	2	0	2
3	0	3	2	1

,

则 $\mathbb{Z}/4\mathbb{Z}$ 为交换环.

例 2.22. (1) 我们熟知的 $\mathbb{Z}, \mathbb{Q}, \mathbb{R}$ 和 $\mathbb{C}$ 是交换环, 并且 $\mathbb{Q}, \mathbb{R}$ 和 $\mathbb{C}$ 是域, 而 $\mathbb{N}$ 不是环.

(2) 令 $\mathbb{Z}[i] = \{a + bi \mid a, b \in \mathbb{Z}\}$, $\mathbb{Q}(i) = \{a + bi \mid a, b \in \mathbb{Q}\}$, 其中 $i = \sqrt{-1}$. 则在复数的加法和乘法意义下, $\mathbb{Z}[i]$ 构成环, 称为**高斯整数环** (ring of Gaussian integers); $\mathbb{Q}(i)$ 构成域, 称为**高斯数域** (Gaussian number field).

例 2.23. $\mathbb{R}$ 上所有 2 阶方阵的集合 $M_2(\mathbb{R})$ 是非交换环. 同样地, $M_2(\mathbb{Q}), M_2(\mathbb{C})$ 也是非交换环.

例 2.24 (四元数体). 设

$$\mathbb{H} := \left\{ \begin{pmatrix} a & b \\ -\bar{b} & \bar{a} \end{pmatrix} \middle| a, b \in \mathbb{C} \right\} \subseteq M_2(\mathbb{C}),$$

则在矩阵加法和乘法意义下 $\mathbb{H}$ 构成环, 且 $\mathbb{H}^\times = \mathbb{H} - \{0\}$ 是乘法群. 但由于其乘法不交换, 故 $\mathbb{H}$ 不是域, 称为**四元数体** (quaternion algebra).

定义 2.25. 环 R 上的**单位** (unit) 是指 R 中乘法可逆元. 令 $R^\times$ 等于 R 中所有单位的集合, 则 $R^\times$ 构成乘法群, 称为 R 的**单位群** (group of units).

例 2.26. 环 F 为域当且仅当是指单位群 $F^\times$ 等于 $F - \{0\}$, 并且是乘法阿贝尔群.

2.2.2 环的简单性质

在环 R 中, 我们有 $0, 1 \in R$, 故 1 的负元 $-1 \in R$. 对于正整数 n 和 R 中的元素 a, 记 na 为 n 个 a 在 R 中的和, $(-n)a = -(na)$ 为 na 的负元. 容易得知

$-na$ 是 n 个 $-a$ 之和.

命题 2.27. 设 R 为环, 则

(1) 对于任何 $x \in R$, $x \cdot 0 = 0 = 0 \cdot x$.

(2) 如果 $0 = 1$, 则 R 为零环. 故 R 不为零环当且仅当 $0 \neq 1$.

(3) 对于 R 中元素 a_i $(1 \leqslant i \leqslant m)$ 和 b_j $(1 \leqslant j \leqslant n)$, 有

$$\sum_{i=1}^m a_i \sum_{j=1}^n b_j = \sum_{i=1}^m \sum_{j=1}^n a_i b_j, \quad \sum_{j=1}^n b_j \sum_{i=1}^m a_i = \sum_{j=1}^n \sum_{i=1}^m b_j a_i.$$

证明. (1) 由 $x \cdot 0 = x(0+0) = x \cdot 0 + x \cdot 0$, 故 $x \cdot 0 = 0$. 同理 $0 \cdot x = 0$.

(2) 由 (1), $x = x \cdot 1 = x \cdot 0 = 0$ 对任意 $x \in R$ 成立.

(3) 首先我们可以用归纳法将分配律推广为对任意 $m \geqslant 2$,

$$a(b_1 + b_2 + \cdots + b_m) = ab_1 + ab_2 + \cdots + ab_m,$$
$$(b_1 + b_2 + \cdots + b_m)a = b_1 a + b_2 a + \cdots + b_m a.$$

则

$$(\sum_{i=1}^m a_i)(\sum_{j=1}^n b_j) = (\sum_{i=1}^m a_i)b_1 + (\sum_{i=1}^m a_i)b_2 + \cdots + (\sum_{i=1}^m a_i)b_n$$
$$= \sum_{i=1}^m a_i b_1 + \sum_{i=1}^m a_i b_2 + \cdots + \sum_{i=1}^m a_i b_n$$
$$= \sum_{i=1}^m \sum_{j=1}^n a_i b_j.$$

同理可得另一等式. □

注记. 一般而言, 在环中 $a_i b_j \neq b_j a_i$.

由上述命题, 我们立刻有

定理 2.28 (牛顿二项式定理). 设 R 为交换环. 则对正整数 n 和元素 $x, y \in R$, 总有

$$(x+y)^n = \sum_{k=0}^n \mathrm{C}_n^k x^k y^{n-k} = \sum_{k=0}^n \binom{n}{k} x^k y^{n-k}. \tag{2.6}$$

证明. 由命题 2.27 (3) 做归纳, 我们有

$$\prod_{i=1}^n (a_{i1} + a_{i2}) = \sum_{i_1=1}^2 \sum_{i_2=1}^2 \cdots \sum_{i_n=1}^2 a_{1i_1} a_{2i_2} \cdots a_{ni_n}.$$

如令 $a_{11} = a_{21} = \cdots = a_{n1} = x$, $a_{12} = a_{22} = \cdots = a_{n2} = y$, 则 $a_{1i_1} a_{2i_2} \cdots a_{ni_n} = x^k y^{n-k}$ 当且仅当 $i_1, \cdots, i_n$ 中恰好有 k 个为 1, $n-k$ 个为 2. 合并同类项即得 (2.6). □

注记. 事实上，只要 $xy = yx$, 式 (2.6) 总成立.

注记. 即使 $x, y \in R$ 全不为 0, xy 也可能等于 0, 如在环 $M_2(\mathbb{R})$ 中,

$$\begin{pmatrix} 0 & 1 \\ 0 & 0 \end{pmatrix} \begin{pmatrix} 1 & 0 \\ 0 & 0 \end{pmatrix} = 0.$$

定义 2.29. 设 R 为交换环, R 称为**整环** (integral domain, domain) 是指如 $ab = 0$, 则 $a = 0$ 或 $b = 0$. 换言之, 如果元素 a, b 全不为 0, 则它们的乘积 ab 也不等于 0.

由定义, 我们有如下的包含关系:

$$\boxed{\text{域} \subsetneq \text{整环} \subsetneq \text{交换环} \subsetneq \text{环}}$$

例 2.30. (1) 整数环 $\mathbb{Z}$ 和高斯整数环 $\mathbb{Z}[i]$ 均是整环, 但它们不是域.

(2) $\mathbb{Z}/4\mathbb{Z}$ 是交换环, 但不是整环, 因为在其中 $2 \times 2 = 0$.

命题 2.31. 设 R 为交换环, 则下列两条件等价:

(1) R 为整环.

(2) R 上乘法消去律成立, 即如 $ab = ac$ 且 $a \neq 0$, 则 $b = c$.

证明. (1) $\Rightarrow$ (2): 如 $ab = ac$, 则 $a(b - c) = 0$, 又由于 $a \neq 0$, 故由整环定义知 $b - c = 0$, 即 $b = c$.

(2) $\Rightarrow$ (1): 如 $ab = 0 = a \cdot 0$ 且 $a \neq 0$, 则由消去律知 $b = 0$. □

如同群的情况一样, 我们可以通过子环和环的直积来构造新的环.

定义 2.32. 环 R 的子集合 T 称为 R 的**子环** (subring) 是指 $T = 0$ 或者 $T \ni 1$ 且在 R 的加法和乘法意义下构成环.

类似地, 域 F 的子集合 E 称为 F 的**子域** (subfield) 是指 $E \ni 1$ 且在 F 的加法和乘法意义下构成域.

由定义知, 如 $T \neq 0$, 则集合 T 是 R 的子环当且仅当 T 是 R 的加法子群且在 R 的乘法意义下是含幺半群. 非空子集 E 是域 F 的子域当且仅当 E 是 F 的加法子群且 $E - \{0\}$ 是 $F^\times = F - \{0\}$ 的乘法子群.

例 2.33. (1) 整数环 $\mathbb{Z}$ 是高斯整数环 $\mathbb{Z}[i]$ 的子环.

(2) 有理数域 $\mathbb{Q}$ 是实数域 $\mathbb{R}$ 的子域, 而 $\mathbb{R}$ 是复数域 $\mathbb{C}$ 的子域.

定义 2.34. 设 R_1, R_2 为环. 则 R_1 与 R_2 (作为集合的) 的笛卡儿积 $R = R_1 \times R_2$ 在加法和乘法运算

$$(x_1, x_2) + (y_1, y_2) = (x_1 + y_1, x_2 + y_2),$$

$$(x_1, x_2) \cdot (y_1, y_2) = (x_1 y_1, x_2 y_2)$$

下构成环: 它的乘法单位元是 $1_R = (1_{R_1}, 1_{R_2})$, 零元 $0_R = (0_{R_1}, 0_{R_2})$, 元素 (x_1, x_2) 的负元是 $(-x_1, -x_2)$. 环 R 称为 R_1 与 R_2 的**直积**, 或者称为**笛卡儿积**.

注记. 由于对于任何 $x \in R_1, y \in R_2$, 均有

$$(x, 0) \cdot (0, y) = 0.$$

故两个非零环的直积一定不是整环. 特别地, 域的直积 (作为环而言) 一定不是域.

2.2.3 多项式环

设 R 是非零交换环. R 上的 (以 x 为未定元的一元) **多项式** (polynomial) 形如

$$f(x) = a_0 + a_1 x + \cdots + a_n x^n,$$

其中 $a_0, a_1, \cdots, a_n \in R$.

- 如 $a_n \neq 0$, 称 a_n 为 $f(x)$ 的**首项系数** (leading coefficient), 并称 n 为 f 的**次数** (degree), 记为 $\deg f$.
- 如 $a_n = 1$, 称 $f(x)$ 为**首一多项式** (monic polynomial).
- 称 a_0 为 $f(x)$ 的**常数项** (constant term).
- 如果所有 a_i 均为 0, 则称 $f(x) = 0$ 为**零多项式**, 其次数定义为 $-\infty$.
- 如果多项式除去常数项外其他系数都等于 0, 称此多项式为**常多项式**. 很显然, 多项式的次数为 0 当且仅当该多项式为非零常多项式.
- 所有多项式集合记为 $R[x]$.

设 $f(x) = \sum_i a_i x^i$, $g(x) = \sum_i b_i x^i \in R[X]$, 定义**多项式的加法与乘法**如下

$$f(x) + g(x) = \sum_i (a_i + b_i) x^i, \tag{2.7}$$

$$f(x) \cdot g(x) = \sum_k \big(\sum_{i+j=k} a_i b_j \big) x^k. \tag{2.8}$$

两个**多项式相等**是指其对应项系数相等, 即 $a_i = b_i$ 对所有 i 均成立. 在此情况下, $R[x]$ 构成交换环, $R[x]$ 的 0 和 1 就是 R 的 0 和 1, $f(x) = \sum_i a_i x^i$ 的负元即为 $-f(x) = \sum_i (-a_i) x^i$. 环 R 是 $R[x]$ 的子环, R 中元素 a 视为 $R[x]$ 中的常多项式.

对于多项式环, 我们有如下简单而又重要的性质:

命题 2.35. 设 $f(x), g(x) \in R[x]$, 则

(1) $\deg(f(x) + g(x)) \leqslant \max(\deg f(x), \deg g(x))$, 即 $f(x) + g(x)$ 的次数不大于 $f(x)$ 与 $g(x)$ 的次数的最大值.

(2) $\deg(f(x) \cdot g(x)) \leqslant \deg f(x) + \deg g(x)$ (此处我们设 $-\infty + n = -\infty$).

(3) 如 R 是整环, 则 $\deg(f(x) \cdot g(x)) = \deg f(x) + \deg g(x)$, 且 $R[x]$ 也是整环.

证明. 易验证. 留作练习. □

注记. 如果 R 不是整环, (2) 中的等号不一定成立. 例如 $R = \mathbb{Z}/4\mathbb{Z}$, $f(x) = g(x) = 2x$, 则 $f(x)g(x) = 0$, 其次数 $-\infty < 2$.

注意到由交换环 R 构造的一元多项式环 $R[x]$ 仍然是交换环. 因此我们的构造过程可以重复下去. R 上的 n 元多项式环 $R[x_1, \cdots, x_n]$ 即 $n-1$ 元多项式环 $R[x_1, \cdots, x_{n-1}]$ 上的以 x_n 为未定元的多项式环. 它的每个元素可表示为

$$f(x) = \sum_{i_1, \cdots, i_n} a_{i_1, \cdots, i_n} x_1^{i_1} \cdots x_n^{i_n}, \quad 其中 i_1, \cdots, i_n \geqslant 0, \text{ 而 } a_{i_1, \cdots, i_n} \in R.$$

需要注意的是, 这儿的求和本质上为有限求和, 仅有有限多个 $a_{i_1, \cdots, i_n} \neq 0$. 如果 $f(x) \neq 0$, $f(x)$ 的**次数**定义为

$$\deg f = \max\{i_1 + i_2 + \cdots + i_n \mid a_{i_1, \cdots, i_n} \neq 0\}.$$

定义 $\deg 0 = -\infty$. 另外, f 关于 x_k 的次数定义为

$$\deg_{x_k} f = \max\{i_k \mid a_{i_1, \cdots, i_n} \neq 0\}.$$

形如 $ax_1^{i_1} \cdots x_n^{i_n}$ 的多项式称为**单项式** (monomial). 如果对于所有 $a_{i_1, \cdots, i_n} \neq 0$, $i_1 + \cdots + i_n = d$ 为常值, 即 $f(x)$ 包含的每个单项式的次数均等于 d, 称 $f(x)$ 为 **d 次齐次多项式** (homogeneous polynomial of degree d).

2.3 同态与同构

2.3.1 群的同态与同构

我们已经学习了很多群的例子, 比如说

(1) 作为 2 阶群, 我们有

(i) $\mu_2 = \{1, -1\}$, 即 2 次单位根构成的乘法群 (例 2.6).

(ii) 布尔代数 $\mathbb{B} = \{0, 1\}$ 作为加法群 (例 2.21).

(2) 作为 4 阶群, 我们有

(i) $\mu_4 = \{\pm 1, \pm i\}$, 4 次单位根群 (例 2.6).

(ii) $\mathbb{Z}/4\mathbb{Z} = \{0, 1, 2, 3\}$ 作为加法群 (例 2.21).

(iii) $\mathbb{B} \times \mathbb{B}$, 两个 2 阶群的直积.

如何区分这些群? 如何理解它们的本质差别? 这就需要研究群与群之间的关系, 也就是说需要研究群之间的映射. 但必须注意到, 群不仅是集合, 它上面有乘法运算, 故群与群之间的映射应该保持乘法运算. 从此出发, 我们有如下的定义.

定义 2.36. 设 G_1 与 G_2 为群, 映射 $f : G_1 \to G_2$ 称为**群同态** (group homomorphism) 是指对任意 $g, h \in G_1$,

$$f(gh) = f(g)f(h).$$

(上式左边 $g \cdot h$ 是群 G_1 中的乘法运算, 右边 $f(g) \cdot f(h)$ 是 G_2 中的乘法运算.)

进一步地, 如群同态 f 作为集合映射为单射, 称 f 为**单同态** (monomorphism), 记为 $f : G_1 \hookrightarrow G_2$. 如 f 为满射, 称 f 为**满同态** (epimorphism), 记为 $f : G_1 \twoheadrightarrow G_2$. 如 f 为双射, 则称 f 为**同构** (isomorphism), 记为 $f : G_1 \cong G_2$, 也记为 $f : G_1 \xrightarrow{\sim} G_2$.

命题 2.37. 设 $f : G_1 \to G_2$ 为群同态, 则

(1) 群同态总是将单位映到单位, 即 $f(1_{G_1}) = 1_{G_2}$.

(2) 群同态总是将逆元映到逆元, 即对于 $g \in G_1$, $f(g^{-1}) = f(g)^{-1}$.

(3) 群同构的逆映射也是群同构.

证明. 由 $f(1_{G_1}) = f(1_{G_1} \cdot 1_{G_1}) = f(1_{G_1}) \cdot f(1_{G_1})$, 再由消去律即得 (1).

若 $g \in G_1$, 则

$$f(g) \cdot f(g^{-1}) = f(g \cdot g^{-1}) = f(1_{G_1}) = 1_{G_2},$$

故 $f(g^{-1}) = f(g)^{-1}$, (2) 得证.

对于 (3), 若 f 是群同构, 我们只需验证逆映射 $f^{-1} : G_2 \to G_1$ 是群同态. 为此, 任取 $g', h' \in G_2$. 由于 f 为满同态, 存在 $g, h \in G_1$ 使得 $f(g) = g'$, $f(h) = h'$, 以及 $f(gh) = g'h'$. 由逆映射的定义, 知 $f^{-1}(g'h') = gh = f^{-1}(g')f^{-1}(h')$, 即 f^{-1} 为群同态. □

注记. 在群论研究中, 我们经常会将同构视为相同, 或者说在同构意义下一样.

我们来看一些群同态和同构的例子.

例 2.38. 如果 H 是 G 的子群, 则包含映射 $i : H \to G, h \mapsto h$ 为群同态, 且是单同态.

例 2.39. (1) 对于特殊正交群 $SO_2(\mathbb{R}) = \left\{ \begin{pmatrix} \cos\theta & -\sin\theta \\ \sin\theta & \cos\theta \end{pmatrix} \middle| \theta \in \mathbb{R} \right\}$ 和单

位圆 $S^1 = \{z \in \mathbb{C} \mid |z| = 1\}$, 我们有群同构

$$\mathrm{SO}_2(\mathbb{R}) \xrightarrow{\sim} S^1$$
$$\begin{pmatrix} \cos\theta & -\sin\theta \\ \sin\theta & \cos\theta \end{pmatrix} \longmapsto \mathrm{e}^{\mathrm{i}\theta} = \cos\theta + \mathrm{i}\sin\theta.$$

故在同构意义下, 这两者是同一群.

(2) 设 $\mathbb{R}_+^\times$ 为所有正实数构成的乘法群, 则指数函数

$$\exp : \mathbb{R} \to \mathbb{R}_+^\times, \quad x \mapsto \mathrm{e}^x$$

是群同构. 其逆映射为对数函数

$$\log = \ln : \mathbb{R}_+^\times \to \mathbb{R}, \ y \mapsto \ln y.$$

例 2.40. 对于 2 阶方阵 $\boldsymbol{A} = \begin{pmatrix} a & b \\ c & d \end{pmatrix}$, 我们定义 $\boldsymbol{A}$ 的**行列式** (determinant) 为

$$\det \boldsymbol{A} = |\boldsymbol{A}| = ad - bc. \tag{2.9}$$

命题 2.41. 矩阵行列式的乘积是矩阵乘积的行列式. 即对 $\boldsymbol{A} = \begin{pmatrix} a & b \\ c & d \end{pmatrix}$, $\boldsymbol{A}' = \begin{pmatrix} a' & b' \\ c' & d' \end{pmatrix}$,

$$\det \boldsymbol{A} \cdot \det \boldsymbol{A}' = \det(\boldsymbol{A}\boldsymbol{A}'). \tag{2.10}$$

故行列式映射给出群同态

$$\det : \mathrm{GL}_2(\mathbb{R}) \to \mathbb{R}^\times,$$

且此同态为满同态.

证明. 设 $\boldsymbol{A} = \begin{pmatrix} a & b \\ c & d \end{pmatrix}$, $\boldsymbol{A}' = \begin{pmatrix} a' & b' \\ c' & d' \end{pmatrix}$, 则 $\boldsymbol{A}\boldsymbol{A}' = \begin{pmatrix} aa' + bc' & ab' + bd' \\ ca' + dc' & cb' + dd' \end{pmatrix}$. 故

$$\det(\boldsymbol{A}\boldsymbol{A}') = (aa' + bc')(cb' + dd') - (ab' + bd')(ca' + dc')$$
$$= aa'dd' + bb'cc' - bd'ca' - ab'dc'$$
$$= (ad - bc)(a'd' - b'c')$$
$$= \det \boldsymbol{A} \cdot \det \boldsymbol{A}'.$$

由于 $\det \begin{pmatrix} x & 0 \\ 0 & 1 \end{pmatrix} = x$, 故 $\det : \mathrm{GL}_2(\mathbb{R}) \to \mathbb{R}^\times$ 为群的满同态. $\square$

通过构造群同态, 我们将得到一类特殊子群, 即**正规子群** (normal subgroup) 的例子. 在今后的群论学习中, 正规子群将会是最重要的一个概念, 它将帮助我们定义群上的等价关系, 构造**商群** (quotient group). 首先, 我们给出正规子群的定义.

定义 2.42. 设 G 是群, $x \in G$. 对任意 $g \in G$, gxg^{-1} 称为 x 的**共轭元** (conjugate).

容易验证, 共轭关系是等价关系.

定义 2.43. 设 $H \leqslant G$. 如对任何 $x \in H$, x 的共轭元均在 H 中, 即 $gHg^{-1} := \{gxg^{-1} | x \in H\} \subseteq H$ 对任意 $g \in G$ 成立, 则称 H 是 G 的**正规子群**, 记为 $H \triangleleft G$.

例 2.44. 设 G 为阿贝尔群, 则 $gxg^{-1} = x$ 恒成立, 故阿贝尔群的任何子群均是正规子群.

定义 2.45. 设 $f: G \to H$ 为群同态. f 的**核** (kernel), 记为 $\ker f$, 定义为 H 中单位元的原像, 即

$$\ker f = f^{-1}(1_H) = \{g \in G \mid f(g) = 1\}.$$

f 的**像**(image), 记作 $\mathrm{im} f$, 定义为 G 中所有元素的像集, 即

$$\mathrm{im} f = \{f(g) \mid g \in G\}.$$

命题 2.46. 设 $f: G \to H$ 为群同态. 则 $\ker f$ 是 G 的正规子群, $\mathrm{im} f$ 是 H 的子群.

证明. 由同态的定义立得 $\mathrm{im} f$ 是 H 的子群. 我们只证 $\ker f$ 是 G 的正规子群.

设 $g_1, g_2 \in \ker f$, 则

$$f(g_1 g_2^{-1}) = f(g_1) f(g_2)^{-1} = 1,$$

故 $g_1 g_2^{-1} \in \ker f$, 所以 $\ker f$ 是 G 的子群. 设 $g \in \ker f, x \in G$, 则

$$f(xgx^{-1}) = f(x) f(g) f(x)^{-1} = 1,$$

故 $xgx^{-1} \in \ker f$, 所以 $\ker f$ 是 G 的正规子群. □

上述命题是群论中最重要定理 ——**同态基本定理**—— 的一部分, 我们将在后续的近世代数课程中进一步学习这个定理.

例 2.47. 对于行列式同态 $\det: \mathrm{GL}_2(\mathbb{R}) \to \mathbb{R}^\times$, 它的核为 $\{A \in \mathrm{GL}_2(\mathbb{R}) \mid \det A = ad - bc = 1\}$, 我们记之为 $\mathrm{SL}_2(\mathbb{R})$, 称之为 $\mathbb{R}$ 上的 2 阶**特殊线性群** (special linear group).

2.3.2 环的同态与同构

与群的情况类似, 研究环, 主要还是研究环之间的关系, 这就需要研究环之间的映射. 但由于环是特殊的集合, 同时具有加法和乘法两种运算, 故在研究环之间映射的时候, 我们一般需要映射保持相应运算, 从而得到环的同态的概念.

定义 2.48. 设 R_1, R_2 为环. 映射 $f: R_1 \to R_2$ 称为**环同态** 是指下列条件成立:

(1) $f(1) = 1$, 即 f 将乘法单位元映到单位元.

(2) 对任意 $g, h \in R_1$,
$$f(g+h) = f(g) + f(h), \quad f(gh) = f(g)f(h).$$

如 f 作为集合映射为单射, 称 f 为**单同态**, 也称为**嵌入**. 如 f 为满射, 称 f 为**满同态**. 如 f 为双射, 则称 f 为**同构**, 记为 $f: R_1 \cong R_2$.

注记. 只有条件 (2) 成立不能保证 (1) 成立. 如映射

$$\mathbb{R} \longrightarrow M_2(\mathbb{R}), \quad x \longmapsto \begin{pmatrix} x & 0 \\ 0 & 0 \end{pmatrix}$$

满足条件 (2) 但不满足条件 (1).

由环同态定义, 我们立刻有

命题 2.49. 设 $f: R_1 \to R_2$ 为环同态, 则

(1) $f(0) = 0$.

(2) 对于 $g \in R_1, f(-g) = -f(g)$.

(3) 对于 $g \in R_1^\times$ 可逆, $f(g^{-1}) = f(g)^{-1}$.

故环同态诱导单位群之间的群同态: $R_1^\times \to R_2^\times$.

例 2.50. 域 F 到任何非零环 R 的同态 $f: F \to R$ 均是单同态. 事实上, 如果 $f(g) = f(h)$ 且 $g \neq h$, 则 $f(g-h) = 0$, 从而

$$f(1) = f(g-h)f((g-h)^{-1}) = 0,$$

这与 $f(1) = 1$ 矛盾. 正是由于这一事实, 我们极少考虑域的同态.

例 2.51. 映射

$$\mathbb{R} \longrightarrow M_2(\mathbb{R}), \quad x \longmapsto \begin{pmatrix} x & 0 \\ 0 & x \end{pmatrix}$$

是环的单同态.

例 2.52. 映射
$$\mathbb{Z} \to \{0,1\}, \text{偶数} \mapsto 0, \text{奇数} \mapsto 1$$
是环的满同态.

例 2.53 (**多项式的赋值映射**). 设 R 是交换环, 固定 $a \in R$. 则存在自然的环同态
$$R[x] \to R, \quad f(x) = \sum_i a_i x^i \mapsto f(a) = \sum_i a_i a^i.$$
我们称 $f(a)$ 为多项式 f 在 a 处的赋值. 易知赋值映射是满同态.

例 2.54 (**四元数体的另一种形式**). 在上一节中我们定义了四元数体 $\mathbb{H} = \left\{ \begin{pmatrix} a & b \\ -\bar{b} & \bar{a} \end{pmatrix} \mid \text{其中 } a,b \in \mathbb{C} \right\}$. 我们考虑集合
$$\mathbb{H}' = \{x + yi + zj + wk \mid x,y,z,w \in \mathbb{R}\},$$
其中加法为对应项相加, 乘法满足结合律及
$$i^2 = j^2 = k^2 = -1, ij = -ji = k, jk = -kj = i, ki = -ik = j,$$
且加法和乘法满足分配律. 在此加法和乘法运算下, $\mathbb{H}'$ 构成环而复数域 $\mathbb{C}$ 自然看为它的子环 (将两处的 i 视为相同). 容易看出, 映射
$$f: \mathbb{H} \to \mathbb{H}', \begin{pmatrix} a & b \\ -\bar{b} & \bar{a} \end{pmatrix} \mapsto a + bj$$
是环的同构. 我们在科普书中常见的四元数定义是以 $\mathbb{H}'$ 的形式给出的.

通过构造环同态, 我们将得到环中一类特殊集合 —**理想**— 的例子. 在今后的环论学习中, 理想将会是最重要的一个概念, 它将帮助我们定义环上的等价关系, 构造**商环**. 首先我们给出理想的定义.

定义 2.55. 设 R 为交换环, R 的非空子集合 I 称为 R 上的**理想** (ideal), 是指其满足下述条件

(1) 对任意 $x, y \in I$, 则 $x \pm y \in I$;

(2) 对任意 $x \in I, r \in R$, 则 $rx \in I$.

例 2.56. 设 $x \in R$, 则 $xR := \{xr \mid r \in R\}$ 是 R 的理想. 我们有时候也将 xR 记作 (x). 这样由一个元素生成的理想称为**主理想** (principal ideal).

特别地, $\{0\}$ 和 R 均是 R 中的理想. 零理想 $\{0\}$ 有时也记作 0. 更一般地, 若 $G = \{a_1, \cdots, a_n\} \subset R$, 则由 G **生成的理想**是指包含 G 的最小的理想. 它的元素

形如 $\sum_{i=1}^{n} r_i a_i$，其中 $r_i \in R$. 这个理想一般记作 $(a_1, \cdots, a_n)R$ 或 $(a_1, \cdots, a_n)$. 从而 $(a_1, \cdots, a_n)R = \{\sum_{i=1}^{n} r_i a_i | r_i \in R\}$. 从理想的加法的角度来看 (参见习题 2.25)

$$(a_1, \cdots, a_n)R = a_1 R + a_2 R + \cdots + a_n R.$$

定义 2.57. 设 $f: R_1 \to R_2$ 为环同态. f 的**核** $\ker f$ 定义为 R_2 中零元的原像，即

$$\ker f = \{g \in R_1 \mid f(g) = 0\}.$$

f 的**像** $\mathrm{im} f$ 定义为 R_1 中所有元素的像集，即

$$\mathrm{im} f = \{f(g) \mid g \in R_1\}.$$

命题 2.58. 设 R_1 是交换环，$f: R_1 \to R_2$ 为环同态. 则 $\ker f$ 是 R_1 的理想，$\mathrm{im} f$ 是 R_2 的子环.

证明. 由同态的定义可以看出 $\mathrm{im} f$ 在 R_2 的加法和乘法运算下构成环. 我们只需证 $\ker f$ 是 R_1 的理想，即需证明: (i) 如 $x, y \in \ker f$，则 $x \pm y \in \ker f$; (ii) 如 $r \in R_1, x \in \ker f$，则 $rx \in \ker f$. 而这些都是显然的. □

注记. 交换环中的理想概念可以扩充到一般环上的理想，此时上面命题仍然成立，这是**环同态基本定理** 的一部分.

习　　题

习题 2.1. 证明矩阵乘法满足结合律.

习题 2.2. 从平面到自身的映射如果保持平面上任何两点的距离，则称为**保距映射**. 证明保距映射都是双射，且所有保距映射在映射复合意义下构成群.

习题 2.3. 如果 G 是群，$x, y \in G$，则 $(xy)^{-1} = y^{-1} x^{-1}$.

习题 2.4. 对于群 G 的元素 x, y，**换位子** $[x, y]$ 定义为 $xyx^{-1}y^{-1}$. 证明

(1) $[x, y]^{-1} = [y, x]$;

(2) $[xy, z] = x[y, z]x^{-1}[x, z]$;

(3) $[z, xy] = [z, x]x[z, y]x^{-1}$.

习题 2.5. 判断下面哪些 2 阶方阵集合在矩阵乘法意义下构成群:

(1) $\left\{ \begin{pmatrix} a & b \\ b & c \end{pmatrix} | a, b, c \in \mathbb{R}, ac \neq b^2 \right\}$.

(2) $\left\{ \begin{pmatrix} a & b \\ c & a \end{pmatrix} | a,b,c \in \mathbb{R}, a^2 \neq bc \right\}$.

(3) $\left\{ \begin{pmatrix} a & b \\ 0 & c \end{pmatrix} | a,b,c \in \mathbb{R}, ac \neq 0 \right\}$.

(4) $\left\{ \begin{pmatrix} a & b \\ c & d \end{pmatrix} | a,b,c,d \in \mathbb{Z}, ad \neq bc \right\}$.

习题 2.6. 对于二阶方阵 $\boldsymbol{X} = \begin{pmatrix} a & b \\ c & d \end{pmatrix}$, 令 $\text{tr}(\boldsymbol{X}) = a+d$, $\det(\boldsymbol{X}) = ad-bc$. 证明

$$\boldsymbol{X}^2 - (\text{tr}(\boldsymbol{X}))\boldsymbol{X} + (\det(\boldsymbol{X})) \cdot \boldsymbol{I} = 0.$$

习题 2.7. 证明集合 $\bigcup_{n \geqslant 1} \mu_n$ 在复数乘法意义下构成群.

习题 2.8. 试求 S_3 与 D_4 的所有子群.

习题 2.9. 如果 A 是群 G 的子群, B 是群 H 的子群, 证明 $A \times B$ 是 $G \times H$ 的子群. 举例说明不是所有 $\mathbb{Z} \times \mathbb{Z}$ 的子群都是如此得到的.

习题 2.10. 设 A 为集合, $P(A)$ 为 A 的子集构成的集合族. 在 $P(A)$ 上定义二元运算如下:

$$X \triangle Y = (X \cap Y^c) \cup (X^c \cap Y).$$

证明在此运算下 $P(A)$ 构成交换群, 且每个子集的逆即自身.

习题 2.11. 设集合 $\mathbb{Q}(\sqrt{2}) = \{a + b\sqrt{2} \mid a,b \in \mathbb{Q}\}$. 验证它在实数加法和乘法意义下构成域.

习题 2.12. 证明函数集合

$$\left\{ y(x) = \frac{ax+b}{cx+d} | a,b,c,d \in \mathbb{R} \text{ 且 } ad-bc \neq 0 \right\}$$

在函数复合意义下构成群.

习题 2.13. 设集合 $\mathbb{Z}(\sqrt{2}) = \{a + b\sqrt{2} \mid a,b \in \mathbb{Z}\}$. 验证它在实数加法和乘法意义下构成环.

习题 2.14. 群 G 到自身的同构称为 G 的**自同构** (automorphism).

(1) 证明群 G 的所有自同构在复合映射作为乘法下构成群. 这个群称为 G 的**自同构群**, 记为 $\text{Aut}G$.

(2) 如 $\varphi: G \xrightarrow{\sim} H$ 为群同构, 证明 G 到 H 的所有同构构成集合 $\varphi\text{Aut}G := \{\varphi \circ f \mid f \in \text{Aut}G\}$.

习题 2.15. 设 G 是群. 试问映射 $x \mapsto x^2$ 何时是群同态? 何时是群同构?

习题 2.16. 设 G 是群. 证明映射 $x \mapsto x^{-1}$ 是群同构当且仅当 G 为阿贝尔群.

习题 2.17. 设 G 是群. 证明对任何 $x \in G$, 映射 $g \mapsto xgx^{-1}$ 是 G 的自同构.

习题 2.18. 证明乘法群 $\mathbb{C}^\times \cong \mathbb{R}_+^\times \times S^1$, 其中 $\mathbb{R}_+^\times$ 是正实数构成的乘法群.

习题 2.19. 试给出 $(\mathbb{Z}/4\mathbb{Z}, +)$ 到 $((\mathbb{Z}/5\mathbb{Z})^\times, \times)$ 间的所有同构.

习题 2.20. 如 a 为非零有理数, 证明 $\varphi: x \mapsto ax$ 为群 $\mathbb{Q}$ 的一个自同构. 求出群 $\mathbb{Q}$ 的所有自同构.

习题 2.21. 证明 $\mathbb{H} \cong \mathbb{H}'$.

习题 2.22. 如果 H, K 均是 G 的正规子群, 证明 $HK = \{hk \mid h \in H, k \in K\}$ 是 G 的正规子群.

习题 2.23. (1) 验证集合

$$\left\{ \frac{x + y\sqrt{-3}}{2} \middle| x \text{ 与 } y \text{ 为同奇偶的整数} \right\}$$

构成环.

(2) 验证矩阵集合

$$\left\{ \frac{1}{2} \begin{pmatrix} x & y \\ -3y & x \end{pmatrix} \middle| x \text{ 与 } y \text{ 为同奇偶的整数} \right\}$$

也构成环.

(3) 证明上述两个环同构.

习题 2.24. 试问实系数三角级数的集合

$$\left\{ \sum_{k=m}^{n} (a_k \cos kx + b_k \sin kx) \middle| m \leqslant n \text{ 为整数} \right\}$$

在函数加法和乘法运算下是否构成环?

习题 2.25. 如果 I, J 均是交换环 R 的理想, 证明

$$I + J = \{x + y \mid x \in I, y \in J\}$$

与 $I \cap J$ 都是 R 的理想. 举例说明 $I \cup J$ 不一定为 R 的理想.

第三章 整数理论

数学的诞生是从整数的诞生开始的. 自远古时代开始, 人们就从 1, 2, 3 开始, 一步步发展整数的理论, 然后到分数 (有理数), 实数, ⋯, 从而进入到数的世界. 在本章和下一章, 我们将介绍有关整数的经典理论. 我们将反复使用如下显见的事实:

> 非空正整数集合总有最小元.

3.1 整除

3.1.1 带余除法

我们首先回顾一下数的整除性的定义.

定义 3.1. 设 a, b 为整数, $b \neq 0$. 如果存在整数 c 使得 $a = bc$, 称 b 整除 a, 表示为 $b \mid a$. 此时称 b 是 a 的**因子** (或**约数**, divisor 或 factor), a 是 b 的**倍数** (multiple). 如不存在上述整数 c, 则称 b 不整除 a, 记为 $b \nmid a$.

由定义易知, 任意非零整数均是 0 的因子.

命题 3.2. 设 a, b, c 为整数, 则

(1) 如 $b \mid a$ 且 $c \neq 0$, 则 $bc \mid ac$. 反之, 若 $c \neq 0$ 且 $bc \mid ac$, 则 $b \mid a$. 特别地, $b \mid a$ 等价于 $(\pm b) \mid (\pm a)$.

(2) 如 $b \mid c$ 且 $c \mid a$, 则 $b \mid a$. 即整除关系满足传递性.

(3) 如 $a \mid b$ 且 $a \mid c$, 则对任意 $x, y \in \mathbb{Z}$, $a \mid bx + cy$. 即 b, c 的任意整系数线性组合均是 a 的倍数.

(4) 如 $b \mid a$ 且 $a \neq 0$, 则 $|b| \leqslant |a|$. 故若 $a \mid b$ 且 $b \mid a$, 则 $|a| = |b|$, 即 $a = \pm b$.

证明. 显然. 留作习题. □

整数理论中带余除法起着根本的作用.

定理 3.3 (带余除法). 设 a,b 为整数，$b \neq 0$，则存在整数 q 与 r 使得

$$a = bq + r, \text{ 其中 } 0 \leqslant r < |b|,$$

并且 q 与 r 由上述条件唯一确定.

证明. 先证存在性. 设 $I = \{a - bk \mid k \in \mathbb{Z}\}$. 不妨设 $b > 0$, 则当 k 足够小时 (比如 $k < -|a|b$), $a - bk > 0$, 故 $I \cap \mathbb{N} \neq \emptyset$. 设 r 是 I 中最小的自然数，则 $0 \leqslant r < |b|$: 事实上，如果 $r \geqslant |b|$, 则 $r - |b| \geqslant 0$ 还是在 I 中，与 r 的选取相矛盾.

再证唯一性. 如 $a = bq_1 + r_1 = bq_2 + r_2$, 不妨设 $r_2 \geqslant r_1$, 则 $0 \leqslant r_2 - r_1 = (k_1 - k_2)b < |b|$, 故 $k_2 = k_1$ 且 $r_2 = r_1$。 □

注记. q 与 r 分别称为 a 被 b 整除的**商** (quotient) 与**余数** (remainder).

3.1.2 最大公因子

定义 3.4. 设 a, b 为不全为零的整数，则整数 d 称为 a 与 b 的**最大公因子** (又名**最大公约数**, greatest common divisor) 是指下述两条件成立:

(1) d 是 a 与 b 的公因子，即 $d \mid a$ 且 $d \mid b$.

(2) d 是 a 与 b 的公因子中最大的，即若 $d' \mid a$ 且 $d' \mid b$, 则 $d' \leqslant d$.

由于 a 与 b 的公因子集合非空且有限，a 与 b 的最大公因子存在且唯一. 我们记之为 (a,b) 或 $\gcd(a,b)$. 如 $(a,b) = 1$, 则称 a 与 b **互素** (coprime).

命题 3.5. 设 a, b 为整数，则

(1) $(\pm a, \pm b) = (a, b)$.

(2) $(a, b) = (b, a)$.

(3) 如 $a \neq 0$, $(a, a) = (a, 0) = |a|$.

(4) $(a, b) = (a + by, b) = (a, b + ax)$, 其中 x, y 为任意整数.

证明. 我们只证明 $(a, b) = (a + by, b)$, 其余留作习题.

由定义，我们只需证明 a 和 b 的公因子集合与 $a + by$ 和 b 的公因子集合相同即可. 如果 d 是 a 和 b 的公因子，则 $d \mid a + by$, 故 d 是 $a + by$ 和 b 的公因子. 同理可证反过来也成立. □

定理 3.6. 设 a, b 不全为 0, 而 $d = (a, b)$ 是它们的最大公因子，则由 a 和 b 生成的 $\mathbb{Z}$ 中的理想与由 d 生成的主理想一致，即

$$\{ax + by \mid x, y \in \mathbb{Z}\} = \{dz \mid z \in \mathbb{Z}\}.$$

特别地，

(1) 存在整数 x, y 使得 $(a, b) = ax + by$. 该等式也称为**贝祖 (Bézout) 等式**.

(2) a, b 互素当且仅当存在 x, y 使得 $ax + by = 1$.

证明. 令 $I = \{ax + by \mid x, y \in \mathbb{Z}\}$. 由于 I 中的元素 $ax + by$ 都能被 d 整除, 我们有 $I \subseteq d\mathbb{Z}$. 为了证明反方向的包含关系, 我们考虑 I 中最小的正整数 $d_1 = ax_1 + by_1$, 则 $d \mid d_1$. 由于 d 与 d_1 均为正整数, $d \leqslant d_1$. 另一方面, 若 $d_1 \nmid a$, 由带余除法, 存在 $0 < r = a - qd_1 < d_1$. 由于 $r = a - qd_1 = a(1 - qx_1) - qby_1 \in I$, 这与 d_1 的最小性矛盾, 故 $d_1 \mid a$. 同理, $d_1 \mid b$. 由最大公因子的定义, 我们有 $d_1 \leqslant d$. 故, $d = d_1 \in I$. 从这儿出发, 我们有 $d\mathbb{Z} \subseteq I$.

(1) 与 (2) 是显然的. □

将定理 3.6 的证明应用到 $\mathbb{Z}$ 中任意理想的情形, 就得到如下定理.

定理 3.7. 设 I 为 $\mathbb{Z}$ 中的理想, 则 $I = d\mathbb{Z}$, 其中 d 为 0 或为正整数. 故 $\mathbb{Z}$ 中的理想均是主理想.

证明. 如 $I \neq 0$, 则 I 中存在非零的元素 a. 由于同时 $-a \in I$, 故 I 中存在正整数. 设 d 是 I 中最小的正整数, 则我们有 $I \supseteq d\mathbb{Z}$. 另一方面, 如 $x \in I$, 则由带余除法 $x = qd + r, 0 \leqslant r < d$, 知 $r = x - qd \in I$. 由 d 的最小性, 必有 $r = 0$. 所以 $I \subseteq d\mathbb{Z}$. □

命题 3.8. 下列性质成立:

(1) a 与 b 的公因子均是 (a, b) 的因子.

(2) 如 $m > 0$, $m(a, b) = (ma, mb)$.

(3) 如 $(a, b) = d$, 则 $\left(\dfrac{a}{d}, \dfrac{b}{d}\right) = 1$.

(4) 如 $(a, m) = (b, m) = 1$, 则 $(ab, m) = 1$.

(5) 如 $c \mid ab$, 且 $(c, b) = 1$, 则 $c \mid a$.

证明. (1) 设 $(a, b) = ax + by$, 由于 a 与 b 的任意公因子均整除 $ax + by$, 故是 (a, b) 的因子.

(2) 由贝祖等式, 存在 $x, y \in \mathbb{Z}$ 使得 $(ma, mb) = max + mby = m(ax + by)$, 故 (ma, mb) 是 $m(a, b)$ 的倍数. 反过来, 由贝祖等式, 存在 $x', y' \in \mathbb{Z}$ 使得 $(a, b) = ax' + by'$, 故 $m(a, b) = max' + mby'$, 从而 $m(a, b)$ 是 (ma, mb) 的倍数. 两者都是正整数, 故相等.

(3) 由 (2), $d\left(\dfrac{a}{d}, \dfrac{b}{d}\right) = (a, b) = d$, 故 $\left(\dfrac{a}{d}, \dfrac{b}{d}\right) = 1$.

(4) 由条件, 存在 $x_1, y_1, x_2, y_2 \in \mathbb{Z}$, $ax_1 + my_1 = bx_2 + my_2 = 1$, 故

$$(ax_1 + my_1)(bx_2 + my_2) = abx_1x_2 + m(ax_1y_2 + bx_2y_1 + my_1y_2) = 1.$$

由贝祖等式知 $(ab, m) = 1$.

(5) 由 $(c, b) = 1$ 知存在贝祖等式 $cx + by = 1$ ($x, y \in \mathbb{Z}$), 故 $cax + aby = a$. 由于 c 是 cax 和 aby 的因子, 故 $c \mid a$. □

注记. 对于全不为零的整数 $a_1, \cdots, a_n$, 其中 $n \geqslant 2$, 我们可以归纳地定义它们的最大公因子 $(a_1, \cdots, a_n)$ 如下:

$$\text{对于 } n \geqslant 3, \text{ 令 } (a_1, \cdots, a_n) = ((a_1, \cdots, a_{n-1}), a_n).$$

事实上, 若 $d = (a_1, \cdots, a_n)$, 则
  (1) d 是 $a_1, \cdots, a_n$ 的公因子;
  (2) 若 d' 也是 $a_1, \cdots, a_n$ 的公因子, 则 $d' \leqslant d$;
  (3) $a_1\mathbb{Z} + \cdots + a_n\mathbb{Z} = d\mathbb{Z}$, 从而我们有贝祖等式

$$d = r_1 a_1 + \cdots + r_n a_n,$$

其中 $r_i \in \mathbb{Z}$.
特别地, d 与这 n 个元素的排列顺序无关.

3.1.3 欧几里得算法

由上面的定理 3.6, 我们得到求两个整数 a, b 的最大公因子的**欧几里得算法** (Euclidean algorithm). 这是现存最古老的算法, 出现在公元前三世纪欧几里得的《原本》(即《几何原本》) 中, 至今仍然被广泛运用.
目标: 给定不全为零的整数 a, b, 求它们的最大公因子 d.
算法: 如果 $b = 0$, 则 $(a, b) = |a|$. 否则, 先令 $r_{-1} = a, r_0 = |b|$, 然后用带余除法计算相继的商和余数

$$r_{n-2} = q_n r_{n-1} + r_n \quad (n = 1, 2, 3, \cdots)$$

直到某余数 $r_n = 0$, 则 a 与 b 的最大公因数 (a, b) 为最后的非零余数 r_{n-1}.
由于每进行一次带余除法, 总有 $r_0 = |b| > r_1 > r_2 > \cdots$, 而 $|b|$ 有限, 故算法总会终止. 至于如 $r_n = 0$, 则 $(a, b) = r_{n-1}$, 这是由于

$$(a, b) = (b, r_1) = \cdots = (r_{n-1}, r_n) = (r_{n-1}, 0) = r_{n-1}.$$

另外, 由

$$r_1 = a - bq_1$$
$$r_2 = b - r_1 q_2 = b - (a - bq_1)q_2 = b(1 + q_1 q_2) - aq_2$$
$$\cdots\cdots\cdots\cdots$$

递归即得

$$r_{n-1} = ax + by,$$

即欧几里得算法帮助我们得到整数 x,y, 满足贝祖等式

$$ax + by = (a,b). \tag{3.1}$$

例 3.9. 试求 $(1517, 481)$, 并求它所满足的贝祖等式.

解. 由欧几里得算法, 我们有

$$1517 = 3 \times 481 + 74,$$
$$481 = 6 \times 74 + 37,$$
$$74 = 2 \times 37,$$

故 $(1517, 481) = 37$, 且

$$37 = 481 - 6 \times 74 = 481 - 6 \times (1517 - 3 \times 481) = 19 \times 481 - 6 \times 1517.$$

即 $481 \times 19 - 1517 \times 6 = 37$. □

3.1.4 最小公倍数

定义 3.10. 设 a,b 为非零整数, 正整数 m 称为 a,b 的**最小公倍数** (least common multiple) 是指下列两条件成立:

(1) m 是 a 与 b 的倍数, 即 $a \mid m$, 且 $b \mid m$.

(2) 如 $m' > 0$ 是 a 与 b 的倍数, 则 $m \leqslant m'$.

记 $m = [a,b]$ 或 $\mathrm{lcm}(a,b)$. 容易看出, 最小公倍数存在且唯一.

命题 3.11. 设 a,b 为非零整数, 则

(1) a 与 b 的公倍数均是 $[a,b]$ 的倍数.

(2) $[ma, mb] = |m|[a,b]$.

(3) $(a,b)[a,b] = |ab|$. 特别地, 如 a,b 互素, 则 $[a,b] = |ab|$.

证明. (1) 记 I 为 $\mathbb{Z}$ 中 a,b 的所有公倍数的集合. 我们容易验证 (i) 对任意 $x,y \in I$, $x \pm y \in I$. (ii) 如 $r \in \mathbb{Z}, x \in I$, 则 $rx \in I$. 故 I 是 $\mathbb{Z}$ 中的理想. 由定理 3.7 得 $I = m\mathbb{Z}$, 其中 m 为 I 中最小正整数. 但根据定义, m 还是 $[a,b]$, 故 I 中任何元素均是 $[a,b]$ 的倍数.

(2) 显然.

(3) 由 (2),

$$\left[\frac{a}{(a,b)}, \frac{b}{(a,b)}\right] = \frac{[a,b]}{(a,b)},$$

从而

$$(a,b)[a,b] = |ab| \Leftrightarrow \left[\frac{a}{(a,b)}, \frac{b}{(a,b)}\right] = \frac{|a|}{(a,b)} \cdot \frac{|b|}{(a,b)}.$$

由于 $\left(\dfrac{a}{(a,b)},\dfrac{b}{(a,b)}\right)=1$, 故只需考虑 $(a,b)=1$ 的情形, 即在此情形下, 证明 $[a,b]=|ab|$. 首先 $|ab|$ 是 a 与 b 的倍数, 故 $[a,b]\leqslant |ab|$. 另一方面, 设 $ax=[a,b]=by$, 所以 $b\mid ax$. 但由于 $(a,b)=1$, 故 $b\mid x$. 因此, $ab\mid ax=[a,b]$, 从而 $|ab|\leqslant [a,b]$, 故得等式. □

例 3.12. 由 $(1517,481)=37$, 故 $[1517,481]=1517\times 481\div 37=19721$.

注记. 对于全不为零的整数 $a_1,\cdots,a_n$, 其中 $n\geqslant 2$, 我们可以归纳地定义它们的最小公倍数 $[a_1,\cdots,a_n]$ 如下:

$$\text{对于 } n\geqslant 3, \text{ 令 } [a_1,\cdots,a_n]=[[a_1,\cdots,a_{n-1}],a_n].$$

事实上, 若 $m=[a_1,\cdots,a_n]$, 则

(1) m 是 $a_1,\cdots,a_n$ 的公倍数;

(2) 若 $m'>0$ 也是 $a_1,\cdots,a_n$ 的公倍数, 则 $m'\geqslant m$;

特别地, m 与这 n 个元素的排列顺序无关.

3.2 素数与算术基本定理

定义 3.13. 设 $p\geqslant 2$ 为正整数. 如 p 的正因子只有平凡因子 1 和 p 自身, 则称 p 为**素数**(或**质数**, prime number), 否则, 称 p 为**合数** (composite number).

注记. 对于任意的整数 a 和素数 p, 则 (a,p) 等于 1 或 p.

引理 3.14 (欧几里得引理). 设 p 为素数. 如 $p\mid ab$, 则 $p\mid a$ 或 $p\mid b$.

证明. 这是命题 3.8(5) 的特例. 如 $p\nmid a$, 则 $(p,a)=1$, 故 $p\mid b$. □

对于任意 $n\geqslant 2, n\in\mathbb{Z}$, 由定义知 n 的大于 1 的正因子中最小者必为素数, 因为它的因子也是 n 的因子. 事实上我们有

定理 3.15 (欧几里得). 素数有无穷多个.

证明. 用反证法. 如果素数只有有限多个, 设为 $p_1,p_2,\cdots,p_n$. 令 $N=p_1p_2\cdots p_n+1$. 则对所有的 p_i, $(N,p_i)=1$. 故 N 的素因子不在 $\{p_1,\cdots,p_n\}$ 中, 矛盾. □

定理 3.16 (算术基本定理). 每个不等于 1 的正整数可分解为有限个素数的乘积, 且如果不计素因子在乘积中的次序, 则分解方式唯一.

证明. 先证存在性. 设 $X=\{n\in\mathbb{Z}\mid n\geqslant 2\text{ 且不能分解为有限个素数的乘积}\}$. 证明 X 是空集. 如 X 非空, 则必有最小数 $n_0\in X$, 故 n_0 不能是素数. 设 $n_0=n_1n_2, n_1\geqslant 2, n_2\geqslant 2$, 由于 $n_1<n_0, n_2<n_0$, 故 $n_1\notin X, n_2\notin X$, 即 n_1 与 n_2 均是有限个素数的乘积, 所以 $n_0=n_1n_2$ 也是有限个素数的乘积, 矛盾!

再证唯一性. 设 $n = p_1 \cdots p_s = q_1 \cdots q_t$, 其中 p_i, q_j 全是素数. 由欧几里得引理, 存在 $1 \leqslant j \leqslant t$, 使得 $p_1 \mid q_j$, 而 q_j 为素数, 故 $p_1 = q_j$. 重新安排次序后不妨设 $q_1 = p_1$, 从而有等式 $p_2 \cdots p_s = q_2 \cdots q_t$. 利用归纳法, 容易推出 $s = t$ 且分解唯一. □

将定理中乘积的相同素因子合并, 则算术基本定理可以表示成如下形式:

定理 3.17. 任何非零整数 n 均可表示为

$$n = \mathrm{sgn}(n) \cdot \prod_{p \text{ 为素数}} p^{v_p(n)}, \tag{3.2}$$

其中

(1) $\mathrm{sgn}(n) = \dfrac{n}{|n|} = \pm 1$ 是 n 的符号;

(2) $v_p(n) \in \mathbb{N}$ 且除去有限多个 p 外, $v_p(n) = 0$, 即 (3.2) 实际上为有限乘积;

(3) $p \mid n$ 当且仅当 $v_p(n) > 0$;

(4) n 表示为 (3.2) 的形式唯一, 即如

$$n = \varepsilon \prod_{p \text{ 为素数}} p^{\alpha_p(n)}$$

且 $\varepsilon = \pm 1$, $\alpha_p(n) \in \mathbb{N}$ 满足条件 (2), 则 $\varepsilon = \mathrm{sgn}(n)$ 且 $\alpha_p(n) = v_p(n)$.

注记. (1) n 的上述乘积形式 (3.2) 称为 n 的**因式分解** (factorization). 我们可以将其中 $v_p(n) = 0$ 的项去掉而用有限乘积表示, 即

$$n = \mathrm{sgn}(n) \cdot p_1^{v_{p_1}(n)} \cdots p_s^{v_{p_s}(n)}, \tag{3.3}$$

其中 $s \geqslant 0$, $p_1, \cdots, p_s$ 两两不同, 而 $v_{p_1}(n), \cdots, v_{p_s}(n)$ 为正整数.

(2) 我们一般定义 $v_p(0) = +\infty$, 则下述的很多结果对于一般的整数也成立.

由于每个非零有理数均可以写成 $\dfrac{m}{n}$ 的形式, 且可以假设 $(m, n) = 1$, 则由算术基本定理有

推论 3.18. 任何非零有理数 a 均可唯一表示为

$$a = \mathrm{sgn}(a) \cdot \prod_{p \text{ 为素数}} p^{v_p(a)}, \tag{3.4}$$

其中

(1) $\mathrm{sgn}(a) = \dfrac{a}{|a|} = \pm 1$ 是 a 的符号;

(2) $v_p(a) \in \mathbb{Z}$ 且除去有限多个 p 外, $v_p(n) = 0$, 即 (3.4) 为有限乘积;

(3) 如记 $|a| = \dfrac{m}{n}$, $m, n \in \mathbb{Z}_+$ 且 $(m, n) = 1$, 则

$$m = \prod_{p: v_p(a) > 0} p^{v_p(a)}, \quad n = \prod_{p: v_p(a) < 0} p^{-v_p(a)}. \tag{3.5}$$

(4) 如 $a = \dfrac{\alpha}{\beta}$, $\alpha, \beta \in \mathbb{Z}$, 则对任意素数 p,

$$v_p(a) = v_p(\alpha) - v_p(\beta). \tag{3.6}$$

我们下面给出算术基本定理的两个应用.

命题 3.19. 设 n 为正整数, 则正整数 $d = \prod_p p^{v_p(d)}$ 是 n 的因子当且仅当对所有素数 p, $0 \leqslant v_p(d) \leqslant v_p(n)$.

证明. 如 d 是 n 的正因子, 记 $n = dd'$. 如

$$d = \prod_p p^{v_p(d)}, \quad d' = \prod_p p^{v_p(d')},$$

则 $n = \prod_p p^{v_p(d) + v_p(d')}$, 故 $v_p(n) = v_p(d) + v_p(d')$, 即 $0 \leqslant v_p(d) \leqslant v_p(n)$.

反过来, 如 $0 \leqslant v_p(d) \leqslant v_p(n)$ 对所有 p 成立, 则 $n = dd'$, 其中 $d' = \prod_p p^{v_p(n) - v_p(d)}$, 故 d 是 n 的因子. $\square$

命题 3.20. 设 a, b 为正整数. 则

$$(a, b) = \prod_p p^{\min\{v_p(a), v_p(b)\}}, \quad [a, b] = \prod_p p^{\max\{v_p(a), v_p(b)\}}. \tag{3.7}$$

证明. 设 $d = \prod_p p^{\min\{v_p(a), v_p(b)\}}$, 要证明 $(a, b) = d$, 根据命题 3.8, 只需证明 $\left(\dfrac{a}{d}, \dfrac{b}{d}\right) = 1$, 而再由 $ab = (a, b)[a, b]$ (命题 3.11), 即得 $[a, b] = \prod_p p^{\max\{v_p(a), v_p(b)\}}$.

下面我们证明 $\left(\dfrac{a}{d}, \dfrac{b}{d}\right) = 1$. 事实上, 由 a, b, d 的因式分解表达式, 我们有

$$\frac{a}{d} = \prod_p p^{v_p(a) - \min\{v_p(a), v_p(b)\}}, \quad \frac{b}{d} = \prod_p p^{v_p(b) - \min\{v_p(a), v_p(b)\}}.$$

如果 $p \mid \dfrac{a}{d}$, 则 $v_p(a) - \min\{v_p(a), v_p(b)\} > 0$, 因此 $v_p(a) > v_p(b)$ 且 $v_p(b) - \min\{v_p(a), v_p(b)\} = 0$, 所以 $p \nmid \dfrac{b}{d}$. 同理如 $p \mid \dfrac{b}{d}$, 则 $p \nmid \dfrac{a}{d}$. 综合起来即得 $\left(\dfrac{a}{d}, \dfrac{b}{d}\right) = 1$. $\square$

上述命题是一个很干净的结果，只要知道因式分解，则可以很快求得两个数的最大公因子和最小公倍数．但在实际应用中，因式分解并不容易得到，花在因式分解上的时间往往远远超过执行欧几里得算法所需要的时间，而且欧几里得算法还有一个优点，可以顺带求出最大公因子所满足的贝祖等式．

例 3.21. 我们用上述命题来重新计算一下 $(1517, 481)$．由于有因式分解，$1517 = 37 \times 41$，$481 = 37 \times 13$，故 $(1517, 481) = 37$．此时，对 1517 和 481 做因式分解所需要的步骤比执行欧几里得算法所需要的三步要多．

例 3.22. 设正整数 n 的因式分解为 $n = p_1^{v_{p_1}(n)} \cdots p_s^{v_{p_s}(n)}$．定义

$$\sigma_0(n) = \sum_{1 \leqslant d \mid n} 1, \qquad \sigma_1(n) = \sum_{1 \leqslant d \mid n} d. \tag{3.8}$$

则

(1) $\sigma_0(n) = (v_{p_1}(n) + 1) \cdots (v_{p_s}(n) + 1) = \prod_p (v_p(n) + 1)$．

(2) $\sigma_1(n) = \prod_{i=1}^{s} \dfrac{p_i^{v_{p_i}(n)+1} - 1}{p_i - 1}$．

解. (1) 由命题 3.19，n 的正因子 d 的分解式中，p_i 的幂次有 $\alpha_i + 1$ 种取法，故 n 的正因子个数为 $\sigma_0(n) = (v_{p_1}(n) + 1) \cdots (v_{p_s}(n) + 1) = \prod_p (v_p(n) + 1)$．

(2) 同样由命题 3.19，

$$\sigma_1(n) = \sum_{1 \leqslant d \mid n} d = \sum_{\substack{0 \leqslant \beta_i \leqslant v_{p_i}(n) \\ 1 \leqslant i \leqslant s}} p_1^{\beta_1} \cdots p_s^{\beta_s}$$

$$= \left(\sum_{0 \leqslant \beta_1 \leqslant v_{p_1}(n)} p_1^{\beta_1} \right) \cdots \left(\sum_{0 \leqslant \beta_s \leqslant v_{p_s}(n)} p_s^{\beta_s} \right)$$

$$= \frac{p_1^{v_{p_1}(n)+1} - 1}{p_1 - 1} \cdots \frac{p_s^{v_{p_s}(n)+1} - 1}{p_s - 1} = \prod_{i=1}^{s} \frac{p_i^{v_{p_i}(n)+1} - 1}{p_i - 1}.$$

即等式成立． □

注记. 定义在正整数集合上的函数 f 称为**积性函数**是指若 $(m, n) = 1$，则

$$f(mn) = f(m)f(n). \tag{3.9}$$

更进一步地，f 称为**完全积性函数**是指 (3.9) 对所有正整数 m 和 n 均成立．

由上述例子可以看出，σ_0 和 σ_1 均是积性函数但都不是完全积性函数．

习 题

习题 3.1. 证明命题 3.2.

习题 3.2. 设 n 是正整数, 证明 $(n!+1, (n+1)!+1) = 1$. 此处, $n! = n \cdot (n-1) \cdots 2 \cdot 1$ 是 n 的阶乘.

习题 3.3. 设 m, n 为正整数, m 是奇数. 证明 $(2^m - 1, 2^n + 1) = 1$.

习题 3.4. 设 n 为正整数, 证明

(1) $(a^n, b^n) = (a, b)^n$;

(2) 设 a, b 是互素的正整数, $ab = c^n$ (c 为整数), 则 a, b 都是正整数的 n 次方幂. 事实上, $a = (a, c)^n, b = (b, c)^n$.

一般地, 如果若干个两两互素的正整数之积是整数的 n 次幂, 则这些整数都是 n 次方幂.

习题 3.5. 用欧几里得算法求 963 和 657 的最大公约数, 并求出方程

$$963x + 657y = (963, 657) \tag{3.10}$$

的一组特解, 及所有整数解.

习题 3.6. 设 a, b 为正整数且 $(a, b) = 1$. 证明: 当整数 $n > ab - a - b$ 时, 方程

$$ax + by = n \tag{3.11}$$

有非负的整数解; 但当 $n = ab - a - b$ 时, 方程 (3.11) 没有非负整数解.

习题 3.7. 设 $n > 1$ 为整数, 如果对于任何整数 m, 或者 $n \mid m$ 或者 $(n, m) = 1$, 证明 n 必是素数.

习题 3.8. 设整数 $n > 2$, 证明: n 和 $n!$ 之间必有素数. 由此证明素数有无穷多个.

习题 3.9. (1) 设 m 为正整数, 证明: 如果 $2^m + 1$ 为素数, 则 m 为 2 的方幂.

(2) 对 $n \geqslant 0$, 记 $F_n = 2^{2^n} + 1$, 这称为**费马数**. 证明: 如果 $m > n$, 则 $F_n \mid (F_m - 2)$;

(3) 证明: 如果 $m \neq n$, 则 $(F_m, F_n) = 1$. 由此证明素数有无穷多个.

注记. 费马数中的素数称为**费马素数**. 例如 $F_0 = 3, F_1 = 5, F_2 = 17, F_3 = 257, F_4 = 65537$ 都是素数. 费马曾经猜测所有的费马数 F_n 都是素数, 但是欧拉在 1732 年证明了 $F_5 = 641 \cdot 6700417$, 不是素数. 目前人们不知道除去前 5 个费马数外, 是否还存在其他的费马素数.

习题 3.10. (1) 设 m,n 都是大于 1 的整数, 证明: 如果 m^n-1 是素数, 则 $m=2$ 并且 n 是素数.

(2) 设 p 是素数, 记 $M_p = 2^p - 1$, 这称为**梅森数**. 证明: 如果 p,q 是不同的素数, 则 $(M_p, M_q) = 1$.

注记. 1644 年, 法国数学家梅森 (Mersenne) 研究过形如 $M_p = 2^p - 1$ 的素数, 后来人们将这样的素数称为**梅森素数**. 是否存在无穷多个梅森素数是一个悬而未决的问题. **梅森素数互联网大搜索计划** (Great Internet Mersenne Prime Search, 简称 GIMPS) 是互联网上志愿者通过使用闲置计算机 CPU 寻找梅森素数的一个合作计划. 通过此计划, 人们在 2017 年 12 月 26 日找到了迄今为止最大的素数 $M_{77232917}$, 也是已知的第 50 个梅森素数.

习题 3.11. 设 a,b 是整数, $a \neq b$, n 是正整数. 如果 $n \mid (a^n - b^n)$, 则 $n \mid \dfrac{a^n - b^n}{a - b}$.

习题 3.12. 设 $n \geqslant 1$. 证明

(1) n 为完全平方数的充要条件是 $\sigma_0(n)$ 为奇数;

(2) $\sigma_0(n) \leqslant 2\sqrt{n} + 1$;

(3) n 的正约数之积等于 $n^{\frac{\sigma_0(n)}{2}}$.

习题 3.13. 设 $m \in \mathbb{Z}_+$ 的因式分解为 $m = \prod\limits_{i} p_i^{\alpha_i}$. 若 f 为积性函数, 证明

$$f(m) = \prod_i f(p_i^{\alpha_i}).$$

若 f 为完全积性函数, 证明

$$f(m) = \prod_i f(p_i)^{\alpha_i}.$$

习题 3.14. 对于 $n = p_1^{e_1} \cdots p_s^{e_s} \in \mathbb{Z}_+$, 令

$$\mu(n) = \begin{cases} 1, & \text{如果 } n = 1, \\ (-1)^s, & \text{如果 } e_1 = \cdots = e_s = 1, \\ 0, & \text{其他情况}. \end{cases}$$

$\mu(n)$ 称为**默比乌斯 (Möbius) 函数**. 证明

$$\sum_{1 \leqslant d \mid n} \mu(d) = \begin{cases} 1, & \text{如果 } n = 1, \\ 0, & \text{如果 } n > 1. \end{cases}$$

习题 3.15. 设 $f(x)$ 和 $g(x)$ 为两个定义在正整数集合 $\mathbb{Z}_+$ 上的函数 (值域可以为任何数域). 证明

(1) $g(n) = \sum\limits_{1 \leqslant d | n} f(d)$ 当且仅当 $f(n) = \sum\limits_{1 \leqslant d | n} \mu(d) g(\frac{n}{d})$.

(2) 如果 $g(x) \neq 0$, 则 $g(n) = \prod\limits_{1 \leqslant d | n} f(d)$ 当且仅当 $f(n) = \prod\limits_{1 \leqslant d | n} g(\frac{n}{d})^{\mu(d)}$.

其中 μ 为上题的默比乌斯函数. 上面两个等价关系习惯上称为**默比乌斯反演公式** (Möbius inversion formula).

第四章 整数的同余理论

4.1 同余式

首先我们考虑一个熟知的问题.

问题 4.1. 求 57863 被 9 整除的余数.

解. 将 57863 的各位相加得 29, 将 29 的各位相加得 11, 将 11 的各位相加得 2, 则 57863 被 9 整除的余数为 2. □

上述问题的解答依赖于一个事实:

$$\text{对自然数 } n,\ 10^n \text{ 被 } 9 \text{ 除余数为 } 1,\ \text{即 } 9 \mid (10^n - 1).$$

所以

$$9 \mid 5(10^4 - 1) + 7(10^3 - 1) + 8(10^2 - 1) + 6(10 - 1) + 3(1 - 1),$$

即 $9 \mid (57863 - 29)$. 同理 $9 \mid (29 - 11)$, $9 \mid (11 - 2)$. 故 $9 \mid (57863 - 2)$.

由上述解答可以看出, 用整除符号 | 有时十分笨拙, 不利于代数计算, 为此我们引入同余式的概念.

定义 4.2. 设 m 为正整数. 如整数 a 和 b 满足 $m \mid (a - b)$, 称 a 和 b 模 m **同余** (congruent modulo m), 并用**同余式** (congruence)

$$a \equiv b \bmod m \tag{4.1}$$

来表示. 如 $m \nmid (a - b)$, 则称 a 和 b 模 m 不同余, 记作

$$a \not\equiv b \bmod m. \tag{4.2}$$

例 4.3. 令 $m = 2$. 则 $a \equiv 0 \bmod 2$ 当且仅当 a 是偶数, $a \equiv 1 \bmod 2$ 当且仅当 a 是奇数.

命题 4.4. 同余关系是整数集合 $\mathbb{Z}$ 上的等价关系，即它满足自反性、对称性和传递性。

证明. 我们只证传递性。如 $a \equiv b \bmod m, b \equiv c \bmod m$，则 $m \mid (a-b)$ 且 $m \mid (b-c)$，故 $m \mid ((a-b)+(b-c)) = a-c$，即 $a \equiv c \bmod m$。 □

例 4.5. 在问题 4.1 中，我们有 $57863 \equiv 29 \equiv 11 \equiv 2 \bmod 9$。

同余式有许多与等式类似的性质

命题 4.6. 若 $a \equiv b \bmod m, c \equiv d \bmod m$，则

(1) $a \pm c \equiv b \pm d \bmod m$，

(2) $ac \equiv bd \bmod m$。

证明. (1) 留作练习。对于 (2)，我们有

$$ac - bd = (a-b)c + b(c-d),$$

而等式右边均被 m 整除，故左边亦然。因此 $ac \equiv bd \bmod m$。 □

推论 4.7. 如 $f(X_1, \cdots, X_n)$ 为 n 元整系数多项式，且对 $1 \leqslant i \leqslant n$，$a_i \equiv b_i \bmod m$，则

$$f(a_1, \cdots, a_n) \equiv f(b_1, \cdots, b_n) \bmod m.$$

证明. 由命题 4.6(1)，我们可以假设 f 为单项式 $aX_1^{i_1}\cdots X_n^{i_n}$，而单项式的情形又是命题中 (2) 的推论。 □

命题 4.8. (1) 若 $a \equiv b \bmod m$，则对任意 m 的任意正因子 d 有 $a \equiv b \bmod d$。

(2) 设 d 为正整数。如 $a \equiv b \bmod m$，则 $da \equiv db \bmod dm$；反之亦然。

(3) 如 $a \equiv b \bmod m_i$ 对所有 $1 \leqslant i \leqslant n$ 成立，则

$$a \equiv b \bmod ([m_1, \cdots, m_n]).$$

证明. 留作练习。 □

命题 4.9. 同余方程

$$ax \equiv b \bmod m \tag{4.3}$$

有解当且仅当

$$(a, m) \mid b.$$

特别地，

$$ax \equiv 1 \bmod m \text{ 有解当且仅当 } (a, m) = 1.$$

证明. 我们有

$ax \equiv b \bmod m \iff$ 存在 x, y, $ax - b = my \iff$ 存在 x, y, $ax + my = b$,

由贝祖等式，后者等价于 $b \in (a, m)\mathbb{Z}$。 □

例 4.10. 求同余方程 $24x \equiv 7 \bmod 59$ 的解 x.

解. 由于 $(24, 59) = 1$, 故方程有解. 由欧几里得算法

$$59 = 24 \times 2 + 11,$$
$$24 = 11 \times 2 + 2,$$
$$11 = 5 \times 2 + 1,$$

知 $1 = 11 \times 59 - 27 \times 24$, 即 $24 \cdot (-27) \equiv 1 \bmod 59$, 从而

$$x \equiv (-27) \cdot 24x \equiv (-27) \cdot 7 \equiv 47 \mod 59. \qquad \square$$

由于同余关系是等价关系, 对固定的 m, 我们考虑整数 r 模 m 的等价类 $[r]$ (称为**同余类**), 则

$$[r] = m\mathbb{Z} + r = \{mk + r \mid k \in \mathbb{Z}\}.$$

记模 m 的所有同余类集合为 $\mathbb{Z}/m\mathbb{Z}$. 由于任何整数被 m 整除的余数为 $0, 1, \cdots, m-1$. 则

$$\mathbb{Z}/m\mathbb{Z} = \{[0], [1], \cdots, [m-1]\}. \tag{4.4}$$

注意到 $[r] = [mk + r]$, 故我们有很多可能选取 $a_0, a_1, \cdots, a_{m-1}$ 使得

$$\mathbb{Z}/m\mathbb{Z} = \{[a_0], [a_1], \cdots, [a_{m-1}]\}.$$

比如说

$$\mathbb{Z}/m\mathbb{Z} = \{[1], [2], \cdots, [m-1]\}$$
$$= \{[0], [1+m], [2+2m], \cdots, [m-1+(m-1)m]\}.$$

如 $\alpha \in [r_1] = m\mathbb{Z} + r_1, \beta \in [r_2] = m\mathbb{Z} + r_2$, 则

$$\alpha \pm \beta \in [r_1 \pm r_2],$$
$$\alpha \cdot \beta \in [r_1 r_2].$$

由此, 我们尝试在 $\mathbb{Z}/m\mathbb{Z}$ 上定义加法和乘法

$$[a] + [b] = [a+b], \qquad [a][b] = [ab]. \tag{4.5}$$

命题 4.6 说明上述定义只与同余类有关, 与同余类的代表元选取无关.

定理 4.11. $\mathbb{Z}/m\mathbb{Z}$ 在上述加法和乘法意义下构成 m 元交换环.

证明. 只需验证

(1) 加法和乘法满足交换律、结合律和分配律.

(2) $[0]$ 为加法单位元, $[-a]$ 为 $[a]$ 的加法逆元.

(3) $[1]$ 为乘法单位元.

而这些都是显然的. □

注记. 如 m 不是素数, 则 $\mathbb{Z}/m\mathbb{Z}$ 不是整环. 事实上, 如 $m = m_1 m_2$, 则

$$[m_1][m_2] = [m] = [0].$$

现在我们来考虑 $\mathbb{Z}/m\mathbb{Z}$ 上的乘法单位群 $(\mathbb{Z}/m\mathbb{Z})^\times$.

由定义, 若 $[a] \in \mathbb{Z}/m\mathbb{Z}$ 可逆, 则存在 $[b]$, 使得 $[ab] = 1$. 即 $[a]$ 可逆与否等价于同余方程

$$ax \equiv 1 \bmod m$$

是否有解. 由命题 4.9, 同余方程有解等价于 $(a, m) = 1$. 故我们有

定理 4.12. $(\mathbb{Z}/m\mathbb{Z})^\times = \{[a] \mid (a, m) = 1, \quad 0 \leqslant a < m\}.$

定义 4.13. 群 $(\mathbb{Z}/m\mathbb{Z})^\times$ 的阶记为 $\varphi(m)$. 函数 $\varphi : m \mapsto \varphi(m)$ 称为**欧拉函数** (Euler's totient function).

例 4.14. 设 $m = 6$, 则

$$(\mathbb{Z}/m\mathbb{Z})^\times = \{[1], [5]\},$$

其中 $[5]^2 = [25] = [1]$. 故 $\varphi(6) = 2$.

定理 4.15. 设 p 为素数, 则 $\mathbb{Z}/p\mathbb{Z}$ 为 p 元有限域.

证明. 由定理 4.11, $\mathbb{Z}/p\mathbb{Z}$ 为交换环. 再由定理 4.12

$$(\mathbb{Z}/p\mathbb{Z})^\times = \mathbb{Z}/p\mathbb{Z} - \{[0]\}.$$

故 $\mathbb{Z}/p\mathbb{Z}$ 为 p 元有限域. □

定义 4.16. 记 $\mathbb{F}_p = \mathbb{Z}/p\mathbb{Z}$. 域 $\mathbb{F}_p$ 常称为 p 元**素数域**.

注记. 上面的事实说明当 m 为素数 p 时, $\mathbb{Z}/m\mathbb{Z} = \mathbb{F}_p$ 为域 (自然也是整环), 而当 m 为合数时, $\mathbb{Z}/m\mathbb{Z}$ 不是整环.

为表示方便, 我们去掉 $[\,]$, 记

$$\mathbb{Z}/m\mathbb{Z} = \{0, 1, \cdots, m-1\}, \tag{4.6}$$

但请时刻注意 (4.6) 式右边集合中的元素 r 表示 r 所在的等价类. 如需强调元素 r 是模 m 的同余类, 我们记为 $r \bmod m$.

例 4.17. 在有限域 $\mathbb{F}_{59}$ 中做除法 $7/24$ 等价于求解同余方程

$$24x \equiv 7 \mod 59.$$

由例题4.10 的计算知在 $\mathbb{F}_{59}$ 中 7 除以 24 等于 47.

注记. (1) m 个整数 $c_1,\cdots,c_m$ 称为**模 m 的完全剩余系**,简称为**模 m 的完系**,是指 $c_1,\cdots,c_m$ 彼此模 m 不同余,即 $\{[c_1],\cdots,[c_m]\} = \mathbb{Z}/m\mathbb{Z}$. 数 $0,1,\cdots,m-1$ 则称为模 m 的最小非负完系.

(2) $\varphi(m)$ 个整数 $c_1,\cdots,c_{\varphi(m)}$ 称为**模 m 的缩剩余系**,简称为**模 m 的缩系**,是指它们彼此模 m 不同余,且均与 m 互素. 不超过 m 且与 m 互素的 $\varphi(m)$ 个正整数则叫做模 m 的最小正缩系.

4.2 中国剩余定理

设 $m \geqslant 1$ 为正整数. 我们有映射

$$f_m : \mathbb{Z} \longrightarrow \mathbb{Z}/m\mathbb{Z}$$
$$r \longmapsto r \bmod m.$$

若 $1 \leqslant d \mid m$, 则有映射

$$f_{m,d} : \mathbb{Z}/m\mathbb{Z} \longrightarrow \mathbb{Z}/d\mathbb{Z}$$
$$r \bmod m \longmapsto r \bmod d.$$

命题 4.18. 对于如上给定的 m 和 d, 我们有
(1) f_m 是整数环 $\mathbb{Z}$ 到环 $\mathbb{Z}/m\mathbb{Z}$ 的环同态, 即对于 $a,b \in \mathbb{Z}$,

$$f_m(1) = 1, \quad f_m(a \pm b) = f_m(a) \pm f_m(b), \quad f_m(ab) = f_m(a) \cdot f_m(b).$$

(2) $f_{m,d}$ 是环 $\mathbb{Z}/m\mathbb{Z}$ 到环 $\mathbb{Z}/d\mathbb{Z}$ 的环同态, 即对于 $a,b \in \mathbb{Z}/m\mathbb{Z}$,

$$f_m(1) = 1, \quad f_m(a \pm b) = f_m(a) \pm f_m(b), \quad f_m(ab) = f_m(a) \cdot f_m(b).$$

并且对于 $r \bmod d$

$$f_{m,d}^{-1}(r \bmod d) = \left\{ (r+kd) \bmod m \,\middle|\, 0 \leqslant k < \frac{m}{d} \right\}. \tag{4.7}$$

证明. 易验证. 留作练习. □

定理 4.19. 设 m,n 为互素的正整数，则

$$\Phi: \mathbb{Z}/mn\mathbb{Z} \longrightarrow \mathbb{Z}/m\mathbb{Z} \times \mathbb{Z}/n\mathbb{Z}$$

$$a \bmod mn \longmapsto (a \bmod m, a \bmod n)$$

是环的同构，即满足条件

(1) $\Phi(0) = (0,0)$，$\Phi(1) = (1,1)$。

(2) 对于 $a,b \in \mathbb{Z}/mn\mathbb{Z}$，

$$\Phi(ab) = \Phi(a) \times \Phi(b), \quad \Phi(a+b) = \Phi(a) + \Phi(b).$$

(3) Φ 为双射。

证明. (1), (2) 显然。

(3) 由于映射两边均是 mn 元集合，只要证明 Φ 为单射即可。若 $\Phi(a) = \Phi(b)$，则

$$a \equiv b \bmod m, \quad a \equiv b \bmod n.$$

由 $(m,n)=1$，故 $a \equiv b \bmod mn$。所以 $a \bmod mn = b \bmod mn$。即 Φ 为单射。 □

推论 4.20. Φ 在 $(\mathbb{Z}/mn\mathbb{Z})^\times$ 上的限制为群同构：

$$\Phi: (\mathbb{Z}/mn\mathbb{Z})^\times \longrightarrow (\mathbb{Z}/m\mathbb{Z})^\times \times (\mathbb{Z}/n\mathbb{Z})^\times. \tag{4.8}$$

证明. 一方面，如 $(a,mn) = 1$，则 $(a,m) = 1$ 且 $(a,n) = 1$。故 Φ 将 $(\mathbb{Z}/mn\mathbb{Z})^\times$ 映到 $(\mathbb{Z}/m\mathbb{Z})^\times \times (\mathbb{Z}/n\mathbb{Z})^\times$。

另一方面，如 $(a,mn) = d > 1$，则 (a,m) 或 (a,n) 不可能全是 1。即 Φ 将集合

$$\mathbb{Z}/mn\mathbb{Z} - (\mathbb{Z}/mn\mathbb{Z})^\times$$

映到集合

$$\mathbb{Z}/m\mathbb{Z} \times \mathbb{Z}/n\mathbb{Z} - (\mathbb{Z}/m\mathbb{Z})^\times \times (\mathbb{Z}/n\mathbb{Z})^\times$$

中。综合以上两方面考虑，则 $\Phi: (\mathbb{Z}/mn\mathbb{Z})^\times \longrightarrow (\mathbb{Z}/m\mathbb{Z})^\times \times (\mathbb{Z}/n\mathbb{Z})^\times$ 必为满射，因此为群同构。 □

注记. 我们也可以用如下事实来证明上述推论：(i) 环同构诱导单位群的同构；(ii) 若 R 和 S 为环，则 $R \times S$ 的单位群即为 $R^\times \times S^\times$。

推论 4.21. (1) 设 m 与 n 为互素的正整数，则

$$\varphi(mn) = \varphi(m)\varphi(n), \tag{4.9}$$

即 φ 为积性函数。

(2) 如 $m = p_1^{\alpha_1} \cdots p_s^{\alpha_s}$, $p_1, \cdots, p_s$ 为两两不同的素数, 则

$$\varphi(m) = \varphi(p_1^{\alpha_1}) \cdots \varphi(p_s^{\alpha_s}) = p_1^{\alpha_1 - 1}(p_1 - 1) \cdots p_s^{\alpha_s - 1}(p_s - 1). \tag{4.10}$$

证明. (1) 由推论 4.20 即得. 我们只要证明 $\varphi(p^s) = p^{s-1}(p-1)$ 即可, 其中 p 为素数. 但

$$\begin{aligned}(\mathbb{Z}/p^s\mathbb{Z})^\times &= \{[a] \mid (a, p) = 1, \quad 0 \leqslant a < p^s\} \\ &= \{[a + bp] \mid 0 < a \leqslant p - 1, \quad 0 \leqslant b < p^{s-1}\}.\end{aligned}$$

故

$$\varphi(p^s) = \left|(\mathbb{Z}/p^s\mathbb{Z})^\times\right| = p^{s-1}(p-1). \qquad \square$$

由定理 4.19 作归纳, 我们有

定理 4.22 (中国剩余定理). 如 $m_1, \cdots, m_n$ 两两互素, 则映射

$$\Phi : \mathbb{Z}/m_1 \cdots m_n\mathbb{Z} \longrightarrow \mathbb{Z}/m_1\mathbb{Z} \times \cdots \times \mathbb{Z}/m_n\mathbb{Z}$$
$$(a \bmod m_1 \cdots m_n) \longmapsto (a \bmod m_1, \cdots, a \bmod m_n)$$

是环的同构.

翻译成同余方程组的语言, 则有

定理 4.23. 设 $m = m_1 \cdots m_n$, 其中 $m_1, \cdots, m_n$ 两两互素, 则同余方程组

$$\begin{cases} x \equiv a_1 \bmod m_1, \\ \cdots\cdots\cdots \\ x \equiv a_n \bmod m_n \end{cases}$$

必有解, 且全部解为模 m 的一个同余类.

可以看出, 定理 4.19、定理 4.22 和定理 4.23 是三个等价的定理, 我们可以将它们都看成中国剩余定理的不同表述形式.

刚才是用 Φ 是单射并且映射两边集合元素个数一样来证明 Φ 是双射. 事实上, 也可以直接证明 Φ 是满射.

中国剩余定理中满射的证明. 给定 $\tilde{a} = (a_1 \bmod m_1, \cdots, a_n \bmod m_n)$, 我们要证明存在 $a \bmod m$, $\Phi(a \bmod m) = \tilde{a}$.

首先寻找 $M_1 \in \mathbb{Z}$, 使得

$$\begin{cases} M_1 \equiv 1 \bmod m_1, \\ M_1 \equiv 0 \bmod m_2, \\ \cdots\cdots\cdots \\ M_1 \equiv 0 \bmod m_n. \end{cases}$$

由后面 $n-1$ 个同余式即得 $M_1 = km_2\cdots m_n$, $k \in \mathbb{Z}$. 代入 $M_1 \equiv 1 \bmod m_1$, 则要找到 k, 使得
$$km_2\cdots m_n \equiv 1 \bmod m_1.$$
由于 $(m_2\cdots m_n, m_1) = 1$, 这样的 k 存在, 故 M_1 存在. 更一般地, 可找到 M_i, 使得
$$\begin{cases} M_i \equiv 0 \bmod m_j \quad (j \neq i), \\ M_i \equiv 1 \bmod m_i. \end{cases}$$
现在令 $a = a_1 M_1 + a_2 M_2 + \cdots + a_n M_n$, 则
$$a \equiv a_i M_i \equiv a_i \bmod m_i,$$
即 Φ 为满射. □

注记. 中国剩余定理是中国人民的伟大发现, 又称**孙子定理**, 最初起源于《孙子算经》中的问题:

"今有物不知其数, 三三数之余二, 五五数之余三, 七七数之余二, 问物几何?"

翻译成现在的语言, 就是寻找 x 使得
$$\begin{cases} x \equiv 2 \bmod 3, \\ x \equiv 3 \bmod 5, \\ x \equiv 2 \bmod 7. \end{cases}$$

程大位在 1593 年出版的《算法统宗》中将孙子问题解法总结如下:

三人同行**七十**稀, 五树梅花**廿一**枝,

七子团圆正**半月**, 除**百零五**便得知.

这里 $m = 3 \times 5 \times 7 = 105$, $m_1 = 3$, $m_2 = 5$, $m_3 = 7$. 根据上述证明可求出
$$\begin{cases} M_1 = 2 \times 5 \times 7 = 70, \\ M_2 = 3 \times 7 = 21, \\ M_3 = 3 \times 5 = 15. \end{cases}$$

这正是诗中的七十, 廿一, 半月. 故孙子算经中的问题的解为
$$70 \times 2 + 21 \times 3 + 15 \times 2 = 233 \equiv 23 \bmod 105,$$

其最小正整数解即 23.

4.3 欧拉定理和费马小定理

本节将介绍整数理论中两个重要定理: 欧拉定理和费马小定理.

定理 4.24 (欧拉). 对于任何 $a \in \mathbb{Z}, (a, m) = 1$, 均有

$$a^{\varphi(m)} \equiv 1 \bmod m. \tag{4.11}$$

定理 4.25 (费马). 设 p 为素数, 则

$$a^p \equiv a \bmod p. \tag{4.12}$$

欧拉定理的证明. 设 $(\mathbb{Z}/m\mathbb{Z})^\times = \{r_1, \cdots, r_{\varphi(m)}\}$, 则对于任意与 m 互素的整数 a, 由于 $[a]r_i \in (\mathbb{Z}/m\mathbb{Z})^\times$, 且当 $i \neq j$ 时, $[a]r_i \neq [a]r_j$, 因此仍然有

$$\{[a]r_1, \cdots, [a]r_{\varphi(m)}\} = (\mathbb{Z}/m\mathbb{Z})^\times.$$

将 $(\mathbb{Z}/m\mathbb{Z})^\times$ 中所有元素乘积, 故

$$[a]r_1 \cdots [a]r_{\varphi(m)} = [a]^{\varphi(m)} r_1 \cdots r_{\varphi(m)} = r_1 \cdots r_{\varphi(m)},$$

由于群上消去律成立, 故

$$[a^{\varphi(m)}] = [1],$$

即 $a^{\varphi(m)} \equiv 1 \bmod m$. □

费马小定理的证明. 由欧拉定理, $a^{p-1} \equiv 1 \bmod p$ 对任意 $(a, p) = 1$ 成立. 故 $a^p \equiv a \bmod p$. 另外如 $a \equiv 0 \bmod p$, 自然 $a^p \equiv a \bmod p$. □

由于费马小定理和欧拉定理在应用中的重要性, 有必要进一步探索. 我们用另外一种办法来证明费马小定理和欧拉定理.

引理 4.26. 对于 $1 \leqslant k \leqslant p - 1$,

$$p \mid \binom{p}{k}. \tag{4.13}$$

证明. 由 $\binom{p}{k} = \dfrac{p!}{k!(p-k)!}$, $p \mid p!$, 但 p 不整除 $k!(p-k)!$, 故 $p \mid \binom{p}{k}$. □

由上述引理, 立刻有

命题 4.27. 在 $\mathbb{F}_p$ 中, $(a+b)^p = a^p + b^p$.

证明. 这是由于上述引理, 且牛顿二项式定理 (定理 2.28) 对交换环成立. □

引理 4.28. 设 a,b 为整数, $a \equiv b \bmod p$, 则对于 $n \in \mathbb{N}$,

$$a^{p^n} \equiv b^{p^n} \bmod p^{n+1}. \tag{4.14}$$

证明. 用归纳法. $n = 0$ 时为假设条件. 设引理对 n 成立, 即 $a^{p^n} = b^{p^n} + xp^{n+1}$, $x \in \mathbb{Z}$. 故由牛顿二项式定理

$$\begin{aligned} a^{p^{n+1}} &= (a^{p^n})^p = (b^{p^n} + xp^{n+1})^p \\ &= b^{p^{n+1}} + \binom{p}{1} b^{p^n(p-1)}(xp^{n+1}) + \sum_{k \geq 2} \binom{p}{k} b^{p^n(p-k)}(xp^{n+1})^k \\ &= b^{p^{n+1}} + b^{p^n(p-1)} xp^{n+2} + \sum_{k \geq 2} \binom{p}{k} b^{p^n(p-k)} x^k p^{nk+k}. \end{aligned}$$

所以 $a^{p^{n+1}} \equiv b^{p^{n+1}} \bmod p^{n+2}$. 引理得证. □

费马小定理的证明. 我们需要证明对 $n \in \mathbb{Z}$,

$$n^p \equiv n \bmod p. \tag{4.15}$$

首先, $n = 0$ 时显然成立. 其次, 由

$$(n+1)^p = n^p + \sum_{k=1}^{p-1} \binom{p}{k} n^k + 1$$

及引理 4.26, 得

$$(n+1)^p \equiv n^p + 1 \bmod p.$$

因此

$$n^p \equiv n \bmod p \iff (n+1)^p \equiv n+1 \bmod p.$$

费马小定理得证. □

欧拉定理的证明. 设 $m = p_1^{e_1} \cdots p_s^{e_s}$, 我们有

$$\varphi(m) = \varphi(p_1^{e_1}) \cdots \varphi(p_s^{e_s}).$$

要证 $a^{\varphi(m)} \equiv 1 \bmod m$, 由中国剩余定理, 只要证明对于 $i = 1, \cdots, s$, $a^{\varphi(m)} \equiv 1 \bmod p_i^{e_i}$, 故只要证明

$$a^{\varphi(p_i^{e_i})} \equiv 1 \bmod p_i^{e_i}.$$

这归结于证明对任意素数 p, 若 $(a,p) = 1$, 则

$$a^{p^{n-1}(p-1)} \equiv 1 \bmod p^n. \tag{4.16}$$

当 $n=1$ 时, 这就是费马小定理. 对于 $n \geqslant 2$, 我们应用引理 4.28, 于是有

$$(a^{p-1})^{p^{n-1}} \equiv 1^{p^{n-1}} \equiv 1 \bmod p^n,$$

从而欧拉定理得证. □

如果我们用有限域 $\mathbb{F}_p$ 上的算术来表述费马小定理, 则有

定理 4.29. 在有限域 $\mathbb{F}_p$ 上, $a^p = a$. 特别地, 如 $a \neq 0$, 则

$$a^{-1} = a^{p-2}. \tag{4.17}$$

4.4 模算术和应用

与同余数有关的运算即**模算术** (modular arithmetic) 是数论在应用方面最重要的所在. 在本节, 我们首先运用本章和上章的理论总结一下实际中经常要遇到的模算术, 然后给出两个应用举例.

4.4.1 模算术

(I) **最大公因子的求取**: 如何求整数 a, b 的最大公因子 (a, b)?

这是模算术中最基本的运算, 所使用的算法就是欧几里得算法, 它还将求得 x, y, 使得 $ax + by = (a, b)$, 即 a, b 满足的贝祖等式.

(II) **模 m 求逆**: 设 $(a, m) = 1$, 如何求 b, 使得 $ab \equiv 1 \bmod m$?

这里我们还是使用欧几里得算法, 求得 a, m 所满足的贝祖等式

$$ab + mn = 1,$$

则 b 为 a 的逆.

(III) **同余方程求解**: 求同余方程 $ax \equiv b \bmod m$ 的求解.

事实上模 m 求逆是同余方程求解的特殊情况. 算法如下:

(i) 首先求得 $d = (a, m)$.

(ii) 如果 $d \nmid b$, 则同余方程无解;

(iii) 如果 $d \mid b$, 求 $\dfrac{a}{d}$ 模 $\dfrac{m}{d}$ 的逆 c, 则 $\dfrac{b}{d} \cdot c \bmod \dfrac{m}{d}$ 即原同余方程的解. (注意: 这是 d 个模 m 的同余类的并, 参见习题 4.7)

(IV) **模 m 求幂**: 给定 a, n, 求 $a^n \mod m$.

算法如下:

(i) 将 n 展开为 2 进制形式: $n = n_0 + n_1 \cdot 2 + \cdots + n_k \cdot 2^k$, 其中 $k \geqslant 0, n_k = 1$, $n_i = 0$ 或 1.

(ii) 计算 $a_0 \equiv a^{n_k} \mod m$. 如 $k = 0$, 输出结果 a_0, 否则

(iii) 对于 $0 < i \leqslant k$, 迭代计算 $a_i \equiv a_{i-1}^2 a^{n_{k-i}} \mod m$. 输出结果 a_k.

例 4.30. 计算 $13^{10} \mod 59$.

解. 正整数 10 有二进制展开:

$$10 = 0 + 1 \cdot 2 + 0 \cdot 2^2 + 1 \cdot 2^3.$$

依次计算, 我们有

$$a_0 \equiv 13^1 \equiv 13 \mod 59,$$
$$a_1 \equiv 13^2 \cdot 13^0 \equiv 51 \mod 59,$$
$$a_2 \equiv 51^2 \cdot 13^1 \equiv 6 \mod 59,$$
$$a_3 \equiv 6^2 \cdot 13^0 \equiv 36 \mod 59.$$

从而

$$13^{10} \equiv 36 \mod 59. \qquad \square$$

(V) **同余线性方程组的求解**: 求解同余方程组 $a_i x \equiv b_i \mod m_i$ $(i = 1, \cdots k)$.

算法如下:

(i) 判断每个同余方程是否有解, 即检查对每个 i, $d_i = (a_i, m_i)$ 是否整除 b_i, 如有一个不整除则无解.

(ii) 如每个同余方程均有解, 则求解后同余方程组归结到 $x \equiv x_i \mod m_i$ $(i = 1, \cdots k)$ 的情形.

(iii) 考虑两个同余方程组 $x \equiv x_i \mod m_i$, $x \equiv x_j \mod m_j$ 的求解.

(1) 首先用欧几里得算法求 $m_{ij} = (m_i, m_j)$, 并求 k_i, k_j 使得 $k_j m_j - k_i m_i = m_{ij}$. 令 $c_i = m_i/m_{ij}$, $c_j = m_j/m_{ij}$.

(2) 如果 $m_{ij} \nmid (x_i - x_j)$, 则同余方程组无解. 否则, 同余方程组的解为 $x \equiv (x_i - x_j) k_i c_i + x_i \mod \dfrac{m_i m_j}{m_{ij}}$.

(iv) 重复执行 (iii).

例 4.31. 解同余方程组

$$\begin{cases} 14x \equiv 16 \quad \mod 48, \\ 4x \equiv 8 \quad \mod 15. \end{cases}$$

证明. 同余方程 $14x \equiv 16 \mod 48$ 有解

$$x \equiv x_1 = 8 \quad \mod m_1 = 24,$$

而同余方程 $4x \equiv 8 \mod 15$ 有解

$$x \equiv x_2 = 2 \quad \mod m_2 = 15.$$

对于 $m_{1,2} = (24, 15) = 3$,我们由欧几里得算法有 $k_1 = -2$ 和 $k_2 = -3$ 使得

$$k_2 \cdot 15 - k_1 \cdot 24 = 3.$$

令 $c_1 = 24/3 = 8$,$c_2 = 15/3 = 5$。由于 $m_{1,2} = 3 \mid (x_1 - x_2) = 6$,同余方程组有解

$$x \equiv (8-2) \cdot (-2) \cdot 8 + 8 = -88 \equiv 32 \quad \mod \frac{24 \cdot 15}{3} = 120. \qquad \square$$

4.4.2 应用举例

(I) 费马小定理和素性判定

有效判断给定正整数 n 是否为素数 (素性判定问题, primality test) 长期以来在整数理论中,甚至在整个数学研究中是一个十分重要的问题,目前这个问题已经有了比较满意的答案.

费马小定理在实际应用中对素数判定问题有很大作用. 由费马小定理,若 n 是素数,则对于所有 $0 < a < n$,$a^{n-1} \equiv 1 \mod n$. 实际应用中,人们常常随机选取数个 (比如 10 个) a $(0 < a < n)$,计算 $a^{n-1} \mod n$,如它们都等于 1,我们称 n 为**费马伪素数** (pseudoprime). 它们有很大几率是真正的素数. 这就是**费马素性判定法** (Fermat primality test). 通过费马素性判定,我们可以剔除绝大多数合数. 由于存在 (无穷多) 合数 n (称为**卡迈克尔 (Carmichael) 数**),使得对于所有 $0 < a < n$,$(a, n) = 1$,$a^{n-1} \equiv 1 \mod n$,例如 561 就是一个卡迈克尔数,费马素性判定法不是一个确定性的素性判定法. 在实际计算机应用中,人们常运行数次费马素性判定,然后用别的确定性素性判定方法来分析得到的费马伪素数是否的确是素数.

(II) RSA 算法

在现代生活中，经常需要通过公共网络发送大量涉及机密的信息，这些信息在传输过程中难免会被第三方截获，因此对信息加密从而保证信息安全显得十分重要. 基于我们学习过的整数理论，Rivest, Shamir 和 Adleman 设计了一种算法，即通常所谓的 **RSA 算法**，它被广泛应用到现代保密通讯中. 这里我们简要介绍一下 RSA 算法.

选定两个不同的奇素数 p, q，令 $n = pq$，则 $\varphi(n) = (p-1)(q-1)$. 选取数 e, $0 < e < \varphi(n)$ 且与 $\varphi(n)$ 互素. 求它关于模 $\varphi(n)$ 的逆 d ($0 < e < \varphi(n)$). 将 n 和 e 公布出来，称为**公钥** (public key)，自己保留 d，称为**私钥** (private key).

在通讯时，文本首先是与 0 到 $n-1$ 的数字对应，发送文本等于发送一个模 n 的数. 如甲的公钥为 (n, e)，私钥为 d，乙想发送信息 A 给甲. 首先他在公钥本上找到甲的公钥 e，计算 $B \equiv A^e \bmod n$ (加密过程) 并将 B 发送给甲. 甲接收到信息 B 以后只需计算 $B^d \bmod n$ 即得到原信息 A (解密过程).

如果丙截获了信息 B，要想恢复到原信息 A，他需要知道私钥 d，在已知 e 的情况下这等同于知道 $\varphi(n)$. 如果知道 n 的因式分解 pq, $\varphi(n)$ 自然是很容易知道的. 而至少到目前为止，当 p, q 足够大时，对 n 的因式分解是十分困难的，而因式分解的困难性使得 RSA 算法的安全性得到保障.

另一方面，加密解密过程主要用到的就是模 n 求幂，大家不妨分析一下我们给出的算法的快捷程度.

例 4.32. 我们以 $p = 61$ 和 $q = 53$ 为例，简单地演示一下 RSA 算法的加密与解密的过程. 此时 $n = 61 \times 53 = 3233$，而 $\varphi(3233) = (61-1)(53-1) = 3120$. 由于 $(19, 3120) = 1$，我们可以以 $e = 19$ 为例. 在本情形中，不难算出 19 关于模 3120 的逆为 $d = 2299$. 从而，我们可以假定甲公布公钥 $(n = 3233, e = 19)$，并保留私钥 $d = 2299$. 如果乙想将信息 $A = 61$ 秘密地传送给甲，他需要计算 $B \equiv 61^{19} \equiv 244 \bmod 3233$，并将 $B = 244$ 发给甲. 为了解密，甲只需要计算 $244^{2299} \equiv 61 \bmod 3233$，从而准确地得到了信息 $A = 61$.

习 题

习题 4.1. 证明: 连续 n 个整数中恰有一个被 n 整除.

习题 4.2. 对正整数 n，记 $T(n)$ 为其数码的正负交错和. 例如

$$T(1234) = 4 - 3 + 2 - 1 = 2.$$

证明
$$T(n) \equiv n \mod 11.$$

习题 4.3. 证明命题 4.8.

习题 4.4. (1) 证明: 完全平方数模 3 同余于 0 或 1, 模 4 同余于 0 或 1, 模 5 同余于 0, 1 或 4.

(2) 证明: 完全立方数模 9 同余于 0 或 ± 1; 整数的四次幂模 16 同余于 0 或 1.

习题 4.5. 设 a 是奇数, n 是正整数, 证明

$$a^{2^n} \equiv 1 \mod 2^{n+2}.$$

习题 4.6. (1) 证明: 当 $n \geqslant 3$ 时, $\varphi(n)$ 是偶数;

(2) 证明: 当 $n \geqslant 2$ 时, 不超过 n 且与 n 互素的正整数之和是 $\frac{1}{2}n\varphi(n)$.

习题 4.7. 设 m, n 都是正整数, $m = nt$. 则模 n 的任一个同余类

$$\{x \in \mathbb{Z} \mid x \equiv r \mod n\}$$

可表示为 t 个模 m 的 (两两不同的) 同余类

$$\{x \in \mathbb{Z} \mid x \equiv r + in \mod m\} \ (i = 0, 1, \cdots, t-1)$$

之并.

习题 4.8. 求满足下面同余式的 x:

(1) $8x \equiv 5 \mod 23$;

(2) $60x \equiv 7 \mod 37$.

习题 4.9. 列出 $\mathbb{F}_7$ 中的加法和乘法表.

习题 4.10. 设 p 是素数,

(1) 如果 $\bar{a} \in \mathbb{F}_p$, 则 $p\bar{a} = \underbrace{\bar{a} + \cdots + \bar{a}}_{p \text{ 个}} = \bar{0}$;

(2) 设 n 是整数, $\bar{a} \in \mathbb{F}_p, \bar{a} \neq \bar{0}$. 若 $n\bar{a} = \bar{0}$, 则 $p \mid n$.

习题 4.11. 证明**威尔逊 (Wilson) 定理**: 设 p 是素数, 则 $(p-1)! \equiv -1 \mod p$.

习题 4.12. 设 p 是奇素数, 如果 $r_1, \cdots, r_{p-1}$ 与 $r'_1, \cdots, r'_{p-1}$ 都过模 p 的非零同余类 $\{[1], [2], \cdots, [p-1]\}$, 证明: $r_1 r'_1, \cdots, r_{p-1} r'_{p-1}$ 不过模 p 非零同余类 $\{[1], [2], \cdots, [p-1]\}$, 即证明存在 $i \neq j$, $r_i r'_i \equiv r_j r'_j \mod p$.

习题 4.13. 计算 $\varphi(360), \varphi(429)$.

习题 4.14. 求 3^{400} (十进制表示中) 的末两位数码.

习题 4.15. 设 m,n 为正整数，$(m,n)=1$. 证明：
$$m^{\varphi(n)} + n^{\varphi(m)} \equiv 1 \mod mn.$$

习题 4.16. 设 $(a,10)=1$，证明：$a^{20} \equiv 1 \mod 100$.

第五章 域上的多项式环

设 F 为域. 本章将讨论 F 上的 (一元) 多项式环 $F[x]$ 的性质. 我们将看到 $F[x]$ 的性质与整数环 $\mathbb{Z}$ 的性质惊人地相似. 在展开这一章的讨论之前, 再回顾一下 $F[x]$ 中多项式的性质.

- 若 $f(x) = g(x)h(x)$, 则 $\deg f = \deg g + \deg h$.
- 多项式 $f(x)$ 的次数为 0 当且仅当 f 是非零的常多项式.
- 两个多项式 $f(x)$ 与 $g(x)$ 相等当且仅当它们的系数对应相等.

5.1 整除性理论

5.1.1 最大公因子

定义 5.1. 设 $f(x), g(x) \in F[x]$. 如果存在 $h(x) \in F[x]$, 使得
$$f(x) = g(x)h(x),$$
称 $g(x)$ 为 $f(x)$ 的**因子 (因式)**, $f(x)$ 为 $g(x)$ 的**倍数**, 记为 $g(x) \mid f(x)$, 否则记为 $g(x) \nmid f(x)$.

例 5.2. 多项式 $a \in F^\times$ 及 $af(x)$ 总是 $f(x)$ 的因子, 我们称之为 $f(x)$ 的平凡因子.

定理 5.3 (带余除法). 设 $f(x), g(x) \in F[x]$ 且 $g(x) \neq 0$, 则存在唯一的 $q(x), r(x) \in F[x]$,
$$f(x) = q(x)g(x) + r(x), \text{ 其中 } \deg r < \deg g. \tag{5.1}$$

证明. 先证存在性. 令 $I = \{f(x) - a(x)g(x) \mid a(x) \in F[x]\}$, 则 I 不是空集. 令 $r(x)$ 是 I 中多项式次数最低者. 如果 $\deg r \geqslant \deg g$, 令

$$g(x) = b_0 + b_1 x + \cdots + b_m x^m,$$
$$r(x) = a_0 + a_1 x + \cdots + a_n x^n,$$

则 $n \geqslant m$. 令 $r_1(x) = r(x) - \dfrac{a_n}{b_m} g(x) x^{n-m}$, 则 $r_1(x) \in I$ 且 $\deg r_1 < n = \deg r$, 与 r 的选取矛盾. 故 $\deg r < \deg g$.

再证唯一性. 如果 $f(x) = q_1(x)g(x) + r_1(x) = q_2(x)g(x) + r_2(x)$, 则 $r_1(x) - r_2(x) = g(x)(q_2(x) - q_1(x))$. 比较两边次数知 $r_1 = r_2$, 故 $q_1 = q_2$. □

注记. $q(x)$ 与 $r(x)$ 分别称为 $f(x)$ 被 $g(x)$ 整除的**商**与**余数 (余式)**. 大家可以比较上述证明与整数带余除法的证明.

定义 5.4. 设 $f(x), g(x) \in F[x]$, $f(x)$ 与 $g(x)$ 的**最大公因子 (最大公因式)**是指满足如下条件的首一多项式 $d(x) \in F[x]$:

(1) $d(x)$ 是 $f(x)$ 与 $g(x)$ 的公因子;

(2) 如果 $d'(x)$ 是 $f(x)$ 与 $g(x)$ 的公因子, 则 $\deg d'(x) \leqslant \deg d(x)$.

此时记 $d(x) = (f(x), g(x))$. 如果 $d = 1$, 称 f 与 g **互素**.

可以看出, 如果 $d(x) \in F[x]$ 满足条件 (1) 和 (2), 则 $cd(x)(c \in F^\times)$ 也满足 (1) 和 (2). 为了保证 $d(x)$ 的唯一性, 我们要求 $d(x)$ 首一, 这类似于要求整数的最大公因子为正整数.

定理 5.5. 设 $f(x), g(x) \in F[x]$, $d(x) = (f(x), g(x))$ 为它们的最大公因子, 则 $f(x)$ 与 $g(x)$ 生成的理想与 $d(x)$ 生成的理想是同一理想, 即

$$\{f(x)u(x) + g(x)v(x) \mid u(x), v(x) \in F[x]\}$$
$$= \{d(x)w(x) \mid w(x) \in F[x]\}.$$

特别地,

(1) 存在 $u(x), v(x) \in F[x]$, 使得

$$f(x)u(x) + g(x)v(x) = d(x) = (f(x), g(x)). \tag{5.2}$$

(2) f 与 g 互素当且仅当存在 $u(x), v(x) \in F[x]$, 使得 $fu + gv = 1$.

注记. 同样称上面的等式为**贝祖等式**.

证明. 令 I 是 $f(x)$ 与 $g(x)$ 生成的理想. 设 $d'(x)$ 为 I 中的非零元次数最小者, 不妨设 d' 首一. 首先, 由 $d(x) \mid f(x)$ 且 $d(x) \mid g(x)$ 知 $d(x) \mid d'(x)$.

另一方面, 我们断言 $d'(x) \mid f(x)$ 且 $d'(x) \mid g(x)$. 事实上, 由带余除法, $f(x) = q(x)d'(x) + r(x)(\deg r < \deg d')$. 由此 $r(x) \in I$, 故由 $d'(x)$ 次数最小性知 $r(x) = 0$,

即 $d' \mid f$. 同理 $d' \mid g$. 我们同时也证明了 $f(x)$ 与 $g(x)$ 生成的理想与 $d'(x)$ 生成的理想是一样的.

由于 $d \mid d'$, 我们有 $\deg d \leqslant \deg d'$. 由 d' 是 $f(x)$ 与 $g(x)$ 的公因子, 故 $\deg d' \leqslant \deg d$, 所以 $\deg d = \deg d'$. 由于它们均首一, 故 $d = d'$. □

注记. 本定理的证明与定理 3.6 的证明本质上一致.

同样, 有

定理 5.6. $F[x]$ 中的理想 I 均为主理想, 即存在 $f(x) \in F[x]$, 使得
$$I = f(x)F[x] = \{f(x)u(x) \mid u(x) \in F[x]\}.$$

证明. 可以参考定理 3.7 和定理 5.5. 详细证明留作练习. □

同样也有计算 $f(x)$ 与 $g(x)$ 最大公因子的**欧几里得算法**.

目的: 给定不全为零的 $f(x), g(x) \in F[x]$, 计算 $(f(x), g(x))$.

算法: 如果 $g(x) = 0$, 则 $(f(x), g(x)) = cf(x)$, 其中 $c \in F^\times$ 使得 $cf(x)$ 为首一多项式. 否则, 先令 $r_{-1}(x) = f(x), r_0(x) = g(x)$, 然后用带余除法计算相继的商和余数
$$r_{n-2}(x) = q_n(x)r_{n-1}(x) + r_n(x) \qquad (n = 1, 2, 3, \cdots)$$
直到某余数 $r_n(x) = 0$, 则 $f(x)$ 与 $g(x)$ 的最大公因数 $(f(x), g(x))$ 为 $cr_{n-1}(x)$, 其中 $c \in F^\times$ 使得 $cr_{n-1}(x)$ 为首一多项式.

例 5.7. 设 $F = \mathbb{F}_2$, 求 (x^2+1, x^4+x^2+x+1).

证明. 我们有
$$x^4 + x^2 + x + 1 = x^2(x^2+1) + (x+1),$$
$$x^2 + 1 = (x+1)(x+1), \quad (\text{注意到在 } \mathbb{F}_2 \text{ 中 } 2 = 0)$$
故 $(x^2+1, x^4+x^2+x+1) = x+1$. □

命题 5.8. (1) 设 $f(x), g(x) \in F[x]$, $d(x) = (f(x), g(x))$. 如果 $d' \mid f, d' \mid g$, 则 $d' \mid d$, 即公因子是最大公因子的因子.

(2) 如果 $(f(x), g(x)) = 1$ 且 $(f(x), h(x)) = 1$, 则 $(f(x), g(x)h(x)) = 1$.

证明. (1) 由贝祖等式, $d(x) = f(x)u(x) + g(x)v(x)$, 故 $d' \mid d$.

(2) 设
$$f(x)u_1(x) + g(x)v_1(x) = 1,$$
$$f(x)u_2(x) + h(x)v_2(x) = 1,$$
则 $f(fu_1u_2 + u_1hv_2 + u_2gv_1) + gh \cdot v_1v_2 = 1$, 故 $(f, gh) = 1$. □

5.1.2 不可约多项式和因式分解

定义 5.9. 对于次数 $\geqslant 1$ 的多项式 $p(x) \in F[x]$, 若它的因子只有平凡因子 c 和 $cp(x)$ $(c \in F^{\times})$, 则称 $p(x)$ 为**不可约多项式**. 反之, 如多项式有真因子, 则称它为**可约多项式**, 并称它在 F 上**可约**.

注记. 由定义立知, $m(x)$ 可约当且仅当它可以写成两个非常值多项式的乘积. 特别地, 一次多项式总是不可约的.

不可约多项式在域上多项式环的作用与素数在整数环的作用十分相似. 我们首先有:

引理 5.10 (欧几里得引理). 如果 p 为不可约多项式, $p \mid fg$, 则 $p \mid f$ 或 $p \mid g$.

证明. 反证法. 如果 $p \nmid f$ 且 $p \nmid g$, 则 $(p, f) = (p, g) = 1$, 故 $(p, fg) = 1$, 这与 $p \mid fg$ 矛盾. □

定理 5.11. 对任意次数 $\geqslant 1$ 的多项式 $f(x) \in F[x]$,

$$f(x) = cp_1(x) \cdots p_r(x), \tag{5.3}$$

其中 c 为 $f(x)$ 的首项系数, $p_1, \cdots, p_r$ 为首一不可约多项式, 并且如不计因子次序则表达式唯一.

证明. 与算术基本定理的证明完全类似. □

将式 (5.3) 中的 $p_1, \cdots, p_r$ 中相同的因子合并起来, 则我们有标准分解

$$f(x) = cp_1^{v_{p_1}(f)} \cdots p_s^{v_{p_s}(f)}, \tag{5.4}$$

其中 $p_1, \cdots, p_s$ 两两不同, $v_{p_1}(f), \cdots, v_{p_s}(f)$ 为正整数. 我们有以下推论.

推论 5.12. 如果 $f(x) = c_1 p_1^{\alpha_1} \cdots p_s^{\alpha_s}$, $g(x) = c_2 p_1^{\beta_1} \cdots p_s^{\beta_s}$, 其中 p_i 为两两不同的首一不可约多项式, $\alpha_1, \cdots, \alpha_s, \beta_1, \cdots, \beta_s \geqslant 0$, 则

$$(f, g) = p_1^{\min(\alpha_1, \beta_1)} \cdots p_s^{\min(\alpha_s, \beta_s)}. \tag{5.5}$$

由上述结果可以看出, 不可约多项式在多项式环中的重要性就如同素数对于整数理论的重要性. 因此有必要给出一些法则来判断一个多项式是否是不可约多项式. 我们将在本章最后继续探讨低次多项式的不可约性.

5.2 多项式零点和韦达定理

在带余除法 (5.1) 中, 令 $g(x) = x - a$, 则 $f(x) = q(x)(x - a) + r(x)$. 由 $\deg r < 1$ 知 $r(x)$ 为常多项式. 将 $x = a$ 带入, 知 $r(x) = f(a)$. 我们有

定理 5.13 (余数定理). 设 $f(x) \in F[x]$, 则

$$f(x) = q(x)(x-a) + f(a). \tag{5.6}$$

故 $f(a) = 0$ 当且仅当 $(x-a) \mid f(x)$.

定义 5.14. 设多项式 $f(x) \neq 0$, 如元素 $a \in F$ 满足 $f(a) = 0$, 称 a 为 $f(x)$ 的**根**或**零点**.

定理 5.15 (多项式的拉格朗日定理). 设 $f(x) \in F[x]$ 是次数为 n 的多项式, 则 $f(x)$ 的零点个数 $\leqslant n$.

证明. 设 $a_1, a_2, \cdots, a_s$ 为 $f(x)$ 的不同零点, 则由余数定理

$$f(x) = f_1(x)(x - a_1).$$

由 $f(a_2) = 0 = f_1(a_2)(a_2 - a_1)$, 故 $f_1(a_2) = 0$. 同理 $a_3, \cdots, a_s$ 也是 $f_1(x)$ 的根. 由于 $\deg f(x) = n$ 当且仅当 $\deg f_1(x) = n-1$, 所以 $s \leqslant n$ 当且仅当 $s-1 \leqslant n-1$. 故由归纳法即得. □

注记. 我们称上述定理为多项式的拉格朗日定理是为了区别群论中的拉格朗日定理, 我们将在下一章讲述该定理.

对于一般的环, 定理中的结论不成立. 比如在四元数体 $\mathbb{H}$ 中

$$\begin{pmatrix} 0 & -1 \\ 1 & 0 \end{pmatrix}^2 = \begin{pmatrix} \pm i & 0 \\ 0 & \pm i \end{pmatrix}^2 = \begin{pmatrix} \mp i & 0 \\ 0 & \pm i \end{pmatrix}^2 = -1.$$

设 $f(x)$ 为 n 次多项式 $(n \geqslant 1)$, $x_1, \cdots, x_n$ 是 $f(x)$ 的 n 个不同根, 则由余数定理

$$f(x) = (x - x_1)g(x),$$

由 $0 = f(x_2) = (x_2 - x_1)g(x_2)$ 知 $g(x_2) = 0$. 再由余数定理, $g(x) = (x - x_2)h(x)$, $f(x) = (x - x_1)(x - x_2)h(x)$. 依次类推, 我们有

$$f(x) = (x - x_1)(x - x_2) \cdots (x - x_n)l(x).$$

考虑两边多项式的次数知 $l(x)$ 的次数为 0, 即 $l(x) = C$ $(C \neq 0)$. 再考虑两边的首项系数知 $C = a_n$, 故

$$f(x) = a_n(x - x_1)(x - x_2) \cdots (x - x_n).$$

我们有下述有关多项式根与系数的关系的韦达定理:

定理 5.16 (韦达 (Vieta) 定理). 设 F 为域, 设 $f(x) = a_n x^n + a_{n-1} x^{n-1} + \cdots + a_0$ $(a_n \neq 0)$ 为 F 上次数 n $(n > 0)$ 的多项式. 则

(1) 若 $x_1, \cdots, x_n$ 为 $f(x)$ 的 n 个不同的根, 则

$$f(x) = a_n(x - x_1)(x - x_2) \cdots (x - x_n). \tag{5.7}$$

(2) 如果多项式

$$f(x) = a_n x^n + a_{n-1} x^{n-1} + \cdots + a_0 = a_n \prod_{i=1}^n (x - x_i),$$

(此时 x_i 可以相同), 则对于 $1 \leqslant k \leqslant n$,

$$\sum_{1 \leqslant i_1 < i_2 < \cdots < i_k \leqslant n} x_{i_1} x_{i_2} \cdots x_{i_k} = (-1)^k \frac{a_{n-k}}{a_n}. \tag{5.8}$$

特别的,

$$x_1 + \cdots + x_n = (-1) \frac{a_{n-1}}{a_n}, \tag{5.9}$$

$$x_1 \cdots x_n = (-1)^n \frac{a_0}{a_n}. \tag{5.10}$$

证明. (1) 如上所证. (2) 比较两边系数即得. □

在韦达定理中取 $n = 2$ 与 3, 则回到我们熟悉的情形.

定理 5.17. (1) 如 $f(x) = x^2 + bx + c = (x - x_1)(x - x_2)$, 则

$$x_1 + x_2 = -b, \quad x_1 \cdot x_2 = c. \tag{5.11}$$

(2) 如 $f(x) = x^3 + bx^2 + cx + d = (x - x_1)(x - x_2)(x - x_3)$, 则

$$\begin{cases} x_1 + x_2 + x_3 = -b, \\ x_1 x_2 + x_2 x_3 + x_3 x_1 = c, \\ x_1 x_2 x_3 = -d. \end{cases} \tag{5.12}$$

命题 5.18. 设 p 为素数, 则 $\mathbb{F}_p$ 上的多项式 $x^p - x$ 有如下因式分解:

$$x^p - x = \prod_{a \in \mathbb{F}_p} (x - a). \tag{5.13}$$

证明. 由费马小定理, 任意的 $a \in \mathbb{F}_p$ 均是多项式 $x^p - x$ 的根. 由多项式的拉格朗日定理, 它们是 $x^p - x$ 所有的 p 个不同根. 故 (5.13) 由 (5.7) 即得. □

定义 5.19. 设 $m \in \mathbb{N}$. 如多项式 $f(x) = (x-a)^m g(x)$ 且 $g(a) \neq 0$, 称 a 是多项式 $f(x)$ 的 m **重零点**. 如 $m=1$, 称 a 为 $f(x)$ 的**单零点**. 如 $m \geqslant 2$, 称 a 为 $f(x)$ 的**重根**.

由式 (5.13), 我们知道 $x^p - x \in \mathbb{F}_p[x]$ 没有重根.

定义 5.20. 对多项式 $f(x) = \sum_k a_k x^k$, 它的**形式微商** (formal derivative) $f'(x)$ 定义为
$$f'(x) = \sum_k k a_k x^{k-1}. \tag{5.14}$$

与微积分类似, 我们立刻有

引理 5.21. 对于 $c \in F$, $f(x), g(x) \in F[x]$, 形式微商满足
(1) $(cf)' = cf'$;
(2) $(f+g)' = f' + g'$;
(3) $(fg)' = f'g + fg'$.

命题 5.22. 如 a 对 $f(x)$ 的零点重数不小于 m, 其中 $m \geqslant 1$, 则 a 对于 $f'(x)$ 的零点重数不小于 $m-1$. 故
(1) 如果 $(f, f') = 1$, 则 $f(x)$ 无重根.
(2) a 是 $f(x)$ 的单零点当且仅当 a 是 $f(x)$ 的零点但不是 $f'(x)$ 的零点.

证明. 若 $f(x) = (x-a)^m g(x)$, 则 $f'(x) = (x-a)^{m-1}(mg(x) + (x-a)g'(x))$.
$\square$

例 5.23. $\mathbb{F}_p$ 上的多项式 $f(x) = x^p - x$ 的形式微商为 $f'(x) = -1$. 故由上述命题我们重新得到 $f(x)$ 无重根这一事实.

5.3 多项式同余理论

5.3.1 多项式的同余

取定 $m(x)$ 为 F 上的非常值多项式 (即 $\deg m \geqslant 1$).

定义 5.24. 多项式 $f(x)$ 与 $g(x)$ 模 $m(x)$ **同余**是指 $m(x) \mid (f(x) - g(x))$, 此时用同余式
$$f(x) \equiv g(x) \bmod m(x) \tag{5.15}$$
来表示.

命题 5.25. 模 $m(x)$ 的同余关系是 $F[x]$ 上的等价关系, 且如果 $a(x) \equiv b(x) \bmod m(x)$, $c(x) \equiv d(x) \bmod m(x)$, 则

(1) $a(x) \pm c(x) \equiv b(x) \pm d(x) \bmod m(x)$.

(2) $a(x)c(x) \equiv b(x)d(x) \bmod m(x)$.

证明. 显然. □

我们将多项式 $r(x)$ 模 $m(x)$ 后所在的同余等价类记为 $[r(x)]$. 由多项式的带余除法, $F[x]$ 模 $m(x)$ 的同余等价类集合即

$$F[x]/m(x) = F[x]/m(x)F[x] = \{[r(x)] \mid \deg r < \deg m\}. \tag{5.16}$$

则由上述命题, 如果定义

$$[r_1(x)] + [r_2(x)] = [r_1(x) + r_2(x)], \tag{5.17}$$

$$[r_1(x)] \cdot [r_2(x)] = [r_1(x)r_2(x)], \tag{5.18}$$

则 $F[x]/m(x)F[x]$ 在上述加法和乘法运算下成为交换环. 进一步地, 我们有下述定理:

定理 5.26. $F[x]/m(x)F[x]$ 为交换环, 它的元素为

$$\{[r(x)] \mid \deg r(x) < \deg m(x)\},$$

它的单位群 $(F[x]/m(x)F[x])^\times$ 为

$$\{[a(x)] \mid (a, m) = 1, \deg a < \deg m\}.$$

特别地, 以下三条等价:

(1) $F[x]/m(x)F[x]$ 为整环;

(2) $F[x]/m(x)F[x]$ 为域;

(3) $m(x)$ 为不可约多项式.

将上述定理应用到 $F = \mathbb{F}_p$ 为 p 元有限域的情形, 我们有

推论 5.27. 如果 $m(x) \in \mathbb{F}_p[x]$, $\deg m(x) = n > 0$, 则 $\mathbb{F}_p[x]/m(x)\mathbb{F}_p[x]$ 为 p^n 元环. 如果 $m(x) = p(x)$ 为不可约多项式, 则 $\mathbb{F}_p[x]/m(x)\mathbb{F}_p[x]$ 为 p^n 元有限域.

注记. 在后续的近世代数课中, 我们会见到 $\mathbb{F}_p[x]$ 中总存在 n 次的不可约多项式, 从而总存在 p^n 元的有限域. 事实上, 若 F 为有限域, 则 F 的元素个数必形如 $|F| = p^n$, 其中 $n \geq 1$, 而 p 为某个素数.

定理 5.26 的证明. $\mathbb{F}_p[x]/m(x)\mathbb{F}_p[x]$ 是交换环由定义及上述命题立得.

如果 $(a, m) = 1$, 则存在 $u(x), v(x) \in F[x]$,

$$a(x)u(x) + m(x)v(x) = 1,$$

故 $a(x)u(x) \equiv 1 \bmod m(x)$, 所以 $[a(x)]$ 有逆元 $[u(x)]$. 另一方面, 如果 $a(x) \bmod m(x)$ 可逆, 则存在 $b(x) \in F[x]$, 使得

$$a(x)b(x) \equiv 1 \bmod m(x),$$

故存在 $v(x)$, $a(x)b(x) = 1 + m(x)v(x)$, 所以 $(a, m) = 1$. 综合两方面的结果即有

$$(F[x]/m(x)F[x])^\times = \{[a] \mid (a, m) = 1, \deg a < \deg m\}.$$

(2) $\Rightarrow$ (1) 是显然的. 对于 (1) $\Rightarrow$ (3), 如果 $m(x) = m_1(x)m_2(x)$, $0 < \deg m_1 < \deg m$, 则 $[m_1(x)] \cdot [m_2(x)] = 0$, 故 $F[x]/m(x)F[x]$ 不是整环. 另一方面, 对于 (3) $\Rightarrow$ (2), 如果 $m(x)$ 不可约, 则对任意 $a \neq 0$, $a(x) \in F[x]$, $\deg a < \deg m$, 有 $(a(x), m(x)) = 1$, 故

$$(F[x]/m(x)F[x])^\times = F[x]/m(x)F[x] - \{[0]\},$$

即 $F[x]/m(x)F[x]$ 为域. $\square$

注记. 从这里开始, 我们将用 $r(x)$ 简记同余类 $[r(x)]$. 如果需要特别指明是模 $m(x)$ 的同余类, 我们也用 $r(x) \bmod m(x)$ 表示.

5.3.2 中国剩余定理

设 $m(x) \mid n(x)$, 则我们有自然映射

$$F[x]/n(x)F[x] \longrightarrow F[x]/m(x)F[x]$$
$$a \bmod n(x) \longmapsto a \bmod m(x).$$

如同整数环情形, 这个映射是环的满同态. 我们同样有中国剩余定理:

定理 5.28. 如果 $m(x) = m_1(x)m_2(x)\cdots m_s(x)$, 其中 $m_i(x)$ 两两互素, 则我们有环同构

$$\Phi: F[x]/m(x) \longrightarrow F[x]/m_1(x) \times \cdots \times F[x]/m_s(x)$$
$$a(x) \bmod m(x) \longmapsto (a(x) \bmod m_1(x), \cdots, a(x) \bmod m_s(x)),$$

它诱导群同构

$$(F[x]/m(x))^\times \longrightarrow (F[x]/m_1(x))^\times \times \cdots \times (F[x]/m_s(x))^\times.$$

此定理的证明完全类似于整数环上的中国剩余定理的证明, 我们留作练习. 另外, 如果用同余方程组的语言来表述, 则上面的定理有如下形式:

定理 5.29. 设 $m(x) = m_1(x)m_2(x)\cdots m_s(x)$, 其中 $m_i(x)$ 两两互素, 则同余方程组

$$\begin{cases} x \equiv a_1 \bmod m_1(x), \\ \cdots\cdots\cdots\cdots \\ x \equiv a_n \bmod m_n(x) \end{cases}$$

必有解, 且全部解为模 $m(x)$ 的一个同余类.

5.3.3 低次多项式的不可约性

由多项式的同余理论, 我们知道如果 $p(x)$ 是 $F[x]$ 上的不可约多项式, 则 $F[x]/p(x)$ 是域. 这是最常见的构造域的手段. 因此迅速判定一个多项式是否可约有很重要的理论和实际意义. 对于低次多项式, 我们有下面的结果:

命题 5.30. (1) 任意非常值的多项式的非常值多项式因子中次数最小者必为不可约多项式. 特别地, 次数为 1 的多项式必为不可约多项式.

(2) 域上的 2 次或者 3 次多项式不可约当且仅当它在域上没有零点.

证明. (1) 设 $p(x)$ 是 $m(x)$ 的非常值多项式因子中次数最小者. 如果 $p(x)$ 可约, 则 $p(x) = p_1(x)p_2(x)$ 且 $0 < \deg p_1 < \deg p$, 但 $p_1(x)$ 是 $p(x)$ 的因子而 $p(x)$ 又是 $m(x)$ 的因子, 故 $p_1(x)$ 也是 $m(x)$ 的因子. 这与 $p(x)$ 的次数最小性矛盾.

(2) 设 $f(x)$ 次数为 2 或 3. 如果 $f(x) = g(x)h(x)$ 且 $\deg g \geqslant 1, \deg h \geqslant 1$, 则 $g(x)$ 或 $h(x)$ 中必有一个次数恰好为 1, 此时它等于 $ax + b$ $(a \neq 0)$, 故 $-a^{-1}b$ 即为 $f(x)$ 的零点. 另一方面, 如果 $f(x)$ 有零点, 由余数定理, $f(x)$ 必可约. □

如下的**代数基本定理**在代数乃至整个数学中起着基础作用, 它的第一个严格证明通常被认为是高斯于 1799 年在其哥廷根大学的博士论文中给出的.

定理 5.31 (代数学基本定理, Fundamental Theorem of Algebra). 对于 $n \in \mathbb{Z}_+$, 任何复系数一元 n 次多项式在复数域 $\mathbb{C}$ 上至少有一根.

该定理的证明将在后续课程中给出. 由代数基本定理, 我们可以给出复数域与实数域上所有不可约多项式的具体形式.

推论 5.32. (1) 对于正整数 n, 任何复系数一元 n 次多项式在复数域 $\mathbb{C}$ 上都恰有 n 个根. 特别地, $f(x) \in \mathbb{C}[x]$ 在 $\mathbb{C}$ 上不可约当且仅当它是一次多项式.

(2) 二次实系数多项式 $f(x) = ax^2 + bx + c$ 在实数域 $\mathbb{R}$ 上不可约当且仅当判别式 $b^2 - 4ac < 0$. 特别地, 任何实系数的一元多项式都可以分解成一次和二次的实系数不可约多项式的乘积.

证明. 对于 (1), 只需用代数基本定理和归纳法.

对于 (2), 二次实系数多项式 $f(x) = ax^2 + bx + c$ 在实数域 $\mathbb{R}$ 上不可约当且仅当它没有实根, 当且仅当它的判别式小于 0. 为了说明任何实系数的一

元多项式都可以分解成一次和二次的实系数不可约多项式的乘积, 我们只需验证任何实系数的次数至少为 2 的不可约多项式 $g(x)$ 次数恰好为 2. 由于 $g(x)$ 在 $\mathbb{R}$ 上不可约, 任取它的一个复根 x_1, 则其共轭 $x_2 = \overline{x_1}$ 也是 g 的根. 若令 $h(x) = (x - x_1)(x - x_2)$, 则 $h(x) \in \mathbb{R}[x]$ 且 $h(x) \mid g(x)$. 由于 $g(x)$ 不可约, 故必有 $g(x) = ah(x)$, 其中 a 是 $g(x)$ 的首项系数. □

习 题

习题 5.1. (1) 设 n 是正整数, $\alpha \in F$. 证明: $x - a$ 整除 $x^n - a^n$;

(2) 设 n 是正奇数, $\alpha \in F$. 证明: $x + a$ 整除 $x^n + a^n$.

习题 5.2. 对下面的情形, 用欧几里得算法求 $(f(x), g(x))$:

(1) $F = \mathbb{Q}, f(x) = x^3 + x - 1, g(x) = x^2 + 1$;

(2) $F = \mathbb{F}_2, f(x) = x^7 + 1, g(x) = x^6 + x^5 + x^4 + 1$;

(3) $F = \mathbb{F}_3, f(x) = x^8 + 2x^5 + x^3 + x^2 + 1, g(x) = 2x^6 + x^5 + 2x^3 + 2x^2 + 2$.

习题 5.3. 设 m, n 是正整数, 证明: $F[x]$ 上多项式 $x^m - 1$ 与 $x^n - 1$ 的最大公因式是 $x^{(m,n)} - 1$.

习题 5.4. 设 $f(x), g(x) \in F[x]$, 且 $f(x)$ 与 $g(x)$ 互素. 则对任意正整数 n, $f(x^n)$ 与 $g(x^n)$ 也互素.

习题 5.5. (1) 求有理系数多项式 $\alpha(x)$ 和 $\beta(x)$, 使得

$$x^3 \alpha(x) + (1-x)^2 \beta(x) = 1.$$

(2) 更一般地, 对于正整数 m, n, 求有理系数多项式 $u(x)$ 和 $v(x)$, 使得

$$x^m u(x) + (1-x)^n v(x) = 1.$$

习题 5.6. 设 f 与 g 都是 $F[x]$ 中次数至少为 1 的多项式, 且不存在 $u \in F$ 使得 $f = ug$. 设 $d(x)$ 是 $f(x)$ 与 $g(x)$ 的最大公因子. 证明

(1) 存在多项式 $u(x)$ 与 $v(x)$, 使得 $\deg u(x) < \deg g(x) - \deg d(x)$ 且 $d(x) = f(x)u(x) + g(x)v(x)$.

(2) 此时 $\deg v(x) < \deg f(x) - \deg d(x)$.

(3) 在 (1) 中的多项式 $u(x)$ 与 $v(x)$ 是唯一确定的.

习题 5.7. 设 $f(x), g(x) \in F[x]$ 且 $g(x) \neq 0$. 表达式 $\dfrac{f(x)}{g(x)}$ 称为 F 上的**有理分式**.

(1) 设 $g(x) = a(x)b(x)$, 其中 $a(x)$ 与 $b(x)$ 互素且均非常数; 假设 $\deg f < \deg g$, 则存在唯一确定的 $r(x), s(x) \in F[x]$, $\deg r < \deg a$, $\deg s < \deg b$, 使得
$$\frac{f(x)}{g(x)} = \frac{r(x)}{a(x)} + \frac{s(x)}{b(x)};$$

(2) 设 $g(x)$ 首项系数为 1, 其标准分解是 $g(x) = \prod_{i=1}^{l} p_i^{m_i}(x)$. 假设 $\deg f < \deg g$. 则存在唯一确定的多项式 $h_i(x) \in F[x]$, $\deg h_i < m_i \deg p_i$ $(1 \leqslant i \leqslant l)$, 使得
$$\frac{f(x)}{g(x)} = \frac{h_1(x)}{p_1^{m_1}(x)} + \cdots + \frac{h_l(x)}{p_l^{m_l}(x)};$$

(3) 设 $p(x) \in F[x]$ 是不可约多项式, m 是正整数. 则对任意 $h(x) \in F[x]$, 若 $h(x) \neq 0$ 且 $\deg h < m \deg p$, 则存在唯一确定的多项式 $\alpha_i(x) \in F[x]$ $(1 \leqslant i \leqslant m)$, 使得
$$\frac{h(x)}{p^m(x)} = \frac{\alpha_m(x)}{p(x)} + \cdots + \frac{\alpha_1(x)}{p^m(x)},$$

其中 $\deg \alpha_i < \deg p$;

(4) 证明: 每一个分子的次数小于分母的次数, 且分母有标准分解
$$f(x) = p_1^{m_1}(x) \cdots p_l^{m_l}(x)$$

的有理分式 $\dfrac{g(x)}{f(x)}$ 是**部分分式**的和, 每个部分分式的分母是 $p_i^{k_i}(x)$ $(k_i = 1, \cdots, m_i; i = 1, \cdots, l)$, 而分子次数小于 $\deg p_i$.

习题 5.8. 设 $f(x)$ 是实系数多项式, $a \in \mathbb{R}$. 试决定 a 在下述多项式的零点重数:

(1) $f(x) - f(a) - f'(a)(x-a) - \dfrac{f''(a)}{2}(x-a)^2$;

(2) $f(x) - f(a) - \dfrac{x-a}{2}(f'(x) + f'(a))$.

习题 5.9. 证明多项式 $f(x) = \sum_{k=0}^{n} \dfrac{x^k}{k!}$ 无重根.

习题 5.10. 证明 1 是多项式 $x^{2n} - nx^{n+1} + nx^{n-1} - 1$ 的 3 重零点, 其中 $n \geqslant 2$.

习题 5.11. 设 $f(x) \in \mathbb{Q}[x]$ 在 $\mathbb{Q}$ 上不可约, 证明它一定没有多重的复根.

习题 5.12. 确定 $\mathbb{F}_2[x]$ 与 $\mathbb{F}_3[x]$ 中所有 2 次及 3 次的首项系数为 1 的不可约多项式.

习题 5.13. 设直线 $y = ax + b$ 交曲线 $y^2 = x^3 + cx + d$ 于两点 $(x_1, y_1), (x_2, y_2)$, 试用 x_1, y_1, x_2, y_2 表示 a, b, c 和 d.

习题 5.14. 设 $f(x) \in \mathbb{F}_p[x]$, $\deg f = p - 2$. 若对所有 $\alpha \in \mathbb{F}_p (\alpha \neq 0)$ 有 $f(\alpha) = \alpha^{-1}$, 试确定 $f(x)$.

习题 5.15. 令分圆多项式 $\Phi_n(x) = \prod\limits_{\substack{k=1,\\(k,n)=1}}^{n} (x - \zeta_n^k)$. 证明

(1) $\prod\limits_{1 \leqslant d \mid n} \Phi_d(x) = x^n - 1$.

(2) 如果 n 为大于 1 的奇数, 则 $\Phi_{2n}(x) = \Phi_n(-x)$.

(3) $\Phi_n(x) = \prod\limits_{1 \leqslant d \mid n} (x^d - 1)^{\mu(\frac{n}{d})}$, 其中 μ 为默比乌斯函数.

第六章 群论基础

本章将讨论群论一些基础知识,包括元素的阶,循环群的性质,以及在群论定量分析中最重要的拉格朗日定理.

6.1 元素的阶和循环群

定义 6.1. 设 G 是群,g 是 G 中的元素. 我们称包含 g 的最小子群为由 g **生成的子群**,并用 $\langle g \rangle$ 来表示它. 更一般地,如 $S \subseteq G$ 为 G 的子集合,则称包含 S 的最小子群为 S **生成的子群**,记为 $\langle S \rangle$. 若 $S = \{x_1, \cdots, x_n\}$ 为有限集,我们也将 $\langle S \rangle$ 记为 $\langle x_1, \cdots, x_n \rangle$.

注记. 在一般情况下,$\langle S \rangle \supsetneq \bigcup_{s \in S} \langle s \rangle$.

我们首先讨论 $\langle g \rangle$ 中的元素,由群的公理,它必包含

(1) k 个 g 的乘积 $g^k = g \cdots g$.

(2) $1 = g^0$.

(3) k 个 g^{-1} 的乘积 $g^{-k} = g^{-1} \cdots g^{-1}$.

另一方面,由上述三种情形中的所有元素构成的集合的确是 G 的子群. 故

$$\langle g \rangle = \{g^k \mid k \in \mathbb{Z}\}.$$

值得注意的是,上式的集合中,对于不同的整数 k_1 与 k_2,可能成立 $g^{k_1} = g^{k_2}$.

定义 6.2. 群 G 中元素 g 的**阶**是指满足 $g^k = 1$ 的最小正整数 k,此时称 g 为 k **阶有限元**. 如这样的 k 不存在,称 g 的阶为无穷大,此时称 g 为**无限阶元**.

引理 6.3. 如 g 为 k 阶有限元,则 $g^n = 1$ 当且仅当 $n \equiv 0 \bmod k$,$g^i = g^j$ 当且仅当 $i \equiv j \bmod k$. 此时,g 生成的子群 $\langle g \rangle = \{1, g, \cdots, g^{k-1}\}$ 是 k 阶有限群.

如 g 为无限元,则对于整数 $i \neq j$,均有 $g^i \neq g^j$.

证明. 如 g 为 k 阶有限元，设 $n = kq + r, 0 \leqslant r < k$. 如 $r \neq 0$，则 $g^r \neq 1$. 故 $g^n = g^{kq+r} = (g^k)^q \cdot g^r = g^r \neq 1$. 如 $r = 0$，则 $g^n = g^{kq} = 1$. 综上即证明了 $g^n = 1$ 当且仅当 $n \equiv 0 \bmod k$. 由于 $g^i = g^j$ 当且仅当 $g^{i-j} = 1$, 故也等价于 $i \equiv j \bmod k$. 由于对任意 n, 若 $n = kq + r$, 则 $g^n = g^r$. 而 $1, g, \cdots, g^{k-1}$ 两两不同，故 $\langle g \rangle = \{g^n \mid n \in \mathbb{Z}\} = \{1, g, \cdots, g^{k-1}\}$.

当 g 为无限阶元时，容易看出 $g^i = g^j$ 当且仅当 $g^{i-j} = 1$, 当且仅当 $i - j = 0$, 即 $i = j$. □

定义 6.4. 如 $G = \langle S \rangle$, 称 G 由 S 生成. 如 S 为有限集，称 G 为**有限生成群** (finitely generated group). 特别地，如 G 由一个元素 g 生成，称 G 为**循环群** (cyclic group), g 为 G 的一个**生成元** (generator).

注记. 引理 6.3 说明循环群 $\langle g \rangle$ 的阶数与元素 g 的阶数一致. 很显然，从循环群 $\langle g \rangle$ 出发的群同态 $\varphi : \langle g \rangle \to H$ 由像 $\varphi(g)$ 唯一决定: $\varphi(g^i) = \varphi(g)^i \in H$.

例 6.5. 加法群 $\mathbb{Z}/n\mathbb{Z}$ 和 n 次单位根构成的乘法群 μ_n 均是 n 阶循环群，加法群 $\mathbb{Z}$ 是无限阶循环群.

事实上，我们有

定理 6.6. 设 G 为循环群.
(1) 如 G 为有限群，其阶为 n, 则 $G \cong \mathbb{Z}/n\mathbb{Z}$.
(2) 如 G 为无限群，则 $G \cong \mathbb{Z}$.

证明. 设 g 为 G 的生成元. 定义群同态

$$\varphi : \mathbb{Z} \to G, \quad k \mapsto g^k.$$

易知 φ 为满同态.

当 G 为无限群时，由引理 6.3, 如 $i \neq j$, 则 $g^i \neq g^j$, 故 φ 为单同态. 因此 φ 为同构.

当 G 为 n 阶有限群时，φ 诱导群同态 $\mathbb{Z}/n\mathbb{Z} \to G, k \bmod n \mapsto g^k$. 由引理 6.3, 此同态既单又满，故为同构. □

定理 6.7. 设 G 为循环群，g 为 G 的生成元.
(1) 如 G 为无限群，则 G 的生成元为 g 或 g^{-1}.
(2) 如 G 为 n 阶有限群，则 G 的生成元集合为

$$\{g^k \mid 0 \leqslant k < n, (k, n) = 1\}.$$

(3) G 的自同构群

$$\mathrm{Aut}\, G \cong \begin{cases} \mathbb{Z}/2\mathbb{Z}, & \text{如 } G \text{ 为无限群}; \\ (\mathbb{Z}/n\mathbb{Z})^\times, & \text{如 } G \text{ 为 } n \text{ 阶有限群}, \end{cases}$$

且 G 的每个自同构将生成元映为生成元.

证明. (1) 和 (2): 元素 $h = g^a$ 是 G 的生成元当且仅当 $g = h^b$ 对某个 $b \in \mathbb{Z}$ 成立, 即 $g^{ab} = g$. 如 G 为无限群, 则 $ab = 1$, 故 $a = \pm 1$, 即 $h = g$ 或 g^{-1}. 如果 G 为 n 阶有限群, 则 $ab \equiv 1 \bmod n$, 所以 $(a, n) = 1$.

(3): 如 $f : G \to G$ 为自同构, g 为生成元, 则 $G = f(G) = \{f(g^k) = f(g)^k \mid k \in \mathbb{Z}\}$, 故 $f(g)$ 也是 G 的生成元. 我们定义映射 φ 如下:

(i) 如 G 为无限群,

$$\varphi : \mathrm{Aut}\, G \to \{\pm 1\}, \quad f \mapsto \begin{cases} 1, & \text{如 } f(g) = g; \\ -1, & \text{如 } f(g) = g^{-1}. \end{cases}$$

(ii) 如 G 的阶为 n,

$$\varphi : \mathrm{Aut}\, G \to (\mathbb{Z}/n\mathbb{Z})^{\times}, \quad f \mapsto a \bmod n \text{ 如 } f(g) = g^a.$$

则 φ 既单又满, 且 $\varphi(f_1 f_2) = \varphi(f_1) \cdot \varphi(f_2)$, 即 φ 为群同构. $\square$

例 6.8. 作为 n 阶循环群的具体例子, 加法群 $\mathbb{Z}/n\mathbb{Z}$ 的生成元集合为 $\{1 \leqslant a < n \mid (a, n) = 1\}$, 乘法群 μ_n 的生成元为 ζ_n^a, $1 \leqslant a < n$, $(a, n) = 1$, 它们恰好是所有 n 次本原单位根.

以下我们设 G 是 n 阶循环群. 固定它的一个生成元 g. 则对于任何元素 $a \in G$, 存在整数 k 使得 $a = g^k$, 且所有满足条件的 k 构成模 n 的一个同余类. 我们定义

$$\log_g : G \to \mathbb{Z}/n\mathbb{Z}, \quad a \mapsto k, \tag{6.1}$$

这是循环群之间的同构, 即有

$$\log_g 1 = 0, \quad \log_g(ab) = \log_g a + \log_g b. \tag{6.2}$$

我们称 $k = \log_g a$ 为 a 关于 g 的**离散对数** (discrete logarithm). 数学在信息安全应用中最重要的一个核心问题就是

问题 6.9 (离散对数问题). 已知循环群 G 的阶和生成元 g. 对元素 $a \in G$, 如何求 a 关于 g 的离散对数?

命题 6.10. 设 G 为 n 阶循环群, g 是 G 的一个生成元, $a \in G$. 则方程 $x^k = a$ 在 G 中有解当且仅当 $d = (k, n) \mid \log_g a$. 且当此条件成立时, 方程共有 d 个解.

证明. 设 $x = g^y$. 则方程 $x^k = a$ 有解等价于存在 y, 使得 $g^{ky} = g^{\log_g a}$, 即 $ky \equiv \log_g a \bmod n$ 有解. 根据命题 4.9, 方程 $x^k = a$ 在 G 中有解当且仅当 $d = (k, n) \mid \log_g a$.

当 $d \mid \log_g a$ 时. 同余方程 $ky \equiv \log_g a \bmod n$ 的解为 $y \equiv \dfrac{\log_g a}{d} c \bmod \dfrac{n}{d}$, 其中 c 为 $\dfrac{k}{d}$ 模 $\dfrac{n}{d}$ 的逆, 故 $x^k = a$ 有 d 个解 g^y, 其中 $y = \dfrac{c \log_g a + in}{d}$ $(0 \leqslant i < d)$. □

6.2 拉格朗日定理

6.2.1 陪集表示

设 H 是群 G 的子群.

定义 6.11. 对于 $a \in G$, 集合 $aH = \{ah \mid h \in H\}$ 称为 G 关于 H 的**左陪集** (left coset), $Ha = \{ha \mid h \in H\}$ 称为 G 关于 H 的**右陪集** (right coset).

引理 6.12. 对于左陪集 (对应地, 对于右陪集), 以下三条件等价:
(1) $aH = bH$ (对应地, $Ha = Hb$);
(2) $aH \cap bH \neq \varnothing$ (对应地, $Ha \cap Hb \neq \varnothing$);
(3) $b^{-1}a \in H$ (对应地, $ab^{-1} \in H$).

证明. 我们仅证明左陪集的情形. (1) $\Rightarrow$ (2) 是显然的. 对于 (2) $\Rightarrow$ (3), 如 $aH \cap bH \neq \varnothing$, 可以设 $ah_1 = bh_2$, 则 $b^{-1}a = h_2 h_1^{-1} \in H$. 对于 (3) $\Rightarrow$ (1), 可以设 $b^{-1}a = h_0 \in H$, 此时
$$ah = b(b^{-1}a)h = bh_0 h \in bH,$$
$$bh = a(a^{-1}b)h = ah_0^{-1} h \in aH,$$
故 $aH = bH$. 从而 (1) $\Leftrightarrow$ (2) $\Leftrightarrow$ (3). □

由引理 6.12, 设 $\{a_i H \mid i \in I\}$ 为 G 关于 H 的所有左陪集构成的集合, 即 $a_i H$ 过所有 G 关于 H 的左陪集, 且两两不交. 则
$$G = \bigsqcup_{i \in I} a_i H \tag{6.3}$$
为 G 的一个分拆.

定义 6.13. 上式中的指标集 $\{a_i \mid i \in I\}$ 称为 G 的一个**左陪集代表元系** (left coset representatives).

同理, 如 $\{Hb_j \mid j \in J\}$ 为 G 关于 H 的所有右陪集构成的集合, 则称 $\{b_j \mid j \in J\}$ 为 G 的一个**右陪集代表元系**. 容易看出, $\{b_j \mid j \in J\}$ 为右陪集代表元系当且仅当

$$G = \bigsqcup_{j \in J} H b_j \tag{6.4}$$

为 G 的分拆.

引理 6.14. 如果 $\{a_i \mid i \in I\}$ 是 G 关于 H 的左 (右) 陪集代表元系, 则 $\{a_i^{-1} \mid i \in I\}$ 是 G 关于 H 的右 (左) 陪集代表元系. 特别地, 如 G 关于 H 的左或右陪集代表元系有限, 则左、右陪集代表元系均有限, 且阶数相同.

证明. 因为作为集合

$$(aH)^{-1} = \{(ah)^{-1} \mid h \in H\} = \{h^{-1}a^{-1} \mid h \in H\} = Ha^{-1}.$$

故引理得证. □

定义 6.15. 群 G 关于子群 H 的**指数** (index), 记为 $(G:H)$, 是指 G 关于 H 的陪集代表元的个数. 如陪集代表元个数无限, 我们规定 $(G:H)$ 等于 ∞.

定理 6.16 (群论的拉格朗日定理). 如 G 为有限群, 则

$$|G| = |H| \cdot (G:H). \tag{6.5}$$

注记. 如果规定 $\infty \cdot$ 正整数 $= \infty \cdot \infty = \infty$, 则 G 为无限群时 (6.5) 也成立.

证明. 由 (6.3), 我们有

$$|G| = \sum_{i \in I} |a_i H| = \sum_{i \in I} |H| = |H| \cdot |I| = |H| \cdot (G:H).$$

定理得证. □

拉格朗日定理是群论中第一个重要定理, 它有很多重要推论.

推论 6.17. 设 G 为有限群, H 是 G 的子群, 则 H 的阶是 G 的阶的因子. 特别地, 如果 $x \in G$, 则 $x^{|G|} = 1$, 即元素 x 的阶总是群 G 的阶的因子.

证明. 推论的第一部分显然成立. 对于第二部分, 我们只需注意到元素 x 的阶等于子群 $\langle x \rangle$ 的阶. □

推论 6.18. 欧拉定理与费马小定理成立.

证明. 这是因为群 $(\mathbb{Z}/n\mathbb{Z})^\times$ 的阶为 $\varphi(n)$, 再由推论 6.17 即得. □

推论 6.19. 素数阶群都是循环群.

证明. 设 $g \neq 1, g \in G$, 则 g 的阶必为 p. 故 $G = \{1, g, \cdots, g^{p-1}\} \cong \mathbb{Z}/p\mathbb{Z}$ 为循环群. □

推论 6.20. 设 G 为 n 阶循环群, 则对于 n 的任意正因子 d, G 中有唯一的 d 阶子群 $\{1, x^{\frac{n}{d}}, \cdots, x^{\frac{n}{d}(d-1)}\}$, 其中 x 为 G 的生成元. 此子群也是循环群.

证明. 首先, 易验证 $\{1, x^{\frac{n}{d}}, \cdots, x^{\frac{n}{d}(d-1)}\}$ 是 G 的 d 阶循环子群. 另一方面, 设 H 是 G 的 d 阶子群, $y \in H$. 记 $y = x^a$, 由于 y 的阶数整除群 H 的阶 d, 故 $y^d = x^{ad} = 1$. 所以 $ad = kn$, 即 $y = x^{\frac{n}{d}k} \in \{1, x^{\frac{n}{d}}, \cdots, x^{\frac{n}{d}(d-1)}\}$. □

推论 6.21. 对于任意正整数 n, 有下列恒等式:
$$n = \sum_{1 \leqslant d \mid n} \varphi(d). \tag{6.6}$$

证明. 我们对 n 阶循环群的元素按阶分类, 则阶为 d 的元素生成唯一的 d 阶循环子群. 由于 d 阶循环群中共有 $\varphi(d)$ 个生成元 (定理 6.7), 故恰有 $\varphi(d)$ 个元素阶为 d. 故 $n = \sum_{d \mid n} \varphi(d)$. □

6.2.2 陪集与正规子群

设 H 是 G 的子群, 很明显一般而言, $Ha \neq aH$. 那么什么时候它们相等呢?

引理 6.22. 设 $H \leqslant G$, 则 $Ha = aH$ 对于 $a \in G$ 成立当且仅当 $aHa^{-1} = \{aha^{-1} \mid h \in H\} = H$.

证明. 如 $Ha = aH$, 则对于任意 $h \in H$, 存在 $h' \in H$, $ha = ah'$. 故 $h = ah'a^{-1} \in aHa^{-1}$, 即 $H \subseteq aHa^{-1}$. 同理, 对任意 $h' \in H$, 存在 $h \in H$, $ha = ah'$. 所以 $ah'a^{-1} = h \in H$, 即 $aHa^{-1} \subseteq H$. 故 $aHa^{-1} = H$.

反之, 若 $aHa^{-1} = H$, 则对于任意 $h \in H$, 存在 $h' \in H$ 使得 $h = ah'a^{-1}$, 即 $ha = ah'$. 所以 $Ha \subseteq aH$. 同理 $aH \subseteq Ha$. 故 $Ha = aH$. □

让我们再回忆一下正规子群的定义. 子群 H 是 G 的正规子群是指对任何 $x \in H$, x 的所有共轭元均在 H 中, 故 $gHg^{-1} = H$ 对任意 $g \in G$ 成立. 我们有

命题 6.23. 子群 H 是 G 的正规子群当且仅当对任意 $g \in G$, $gH = Hg$.

习　题

习题 6.1. 证明在群中
(1) 元素 x 与它的逆的阶相同.
(2) 元素 x 与它的共轭的阶相同.
(3) 元素 xy 与 yx 的阶相同.
(4) 元素 xyz 与 zyx 的阶不一定相同.

习题 6.2. 证明 $\frac{3}{5} + \frac{4}{5}\mathrm{i} \in \mathbb{C}^\times$ 的阶为无穷.

习题 6.3. 设
$$A = \begin{pmatrix} 0 & -1 \\ 1 & 0 \end{pmatrix}, \quad B = \begin{pmatrix} 0 & 1 \\ -1 & -1 \end{pmatrix}.$$
试求 A, B, AB 和 BA 在 $\mathrm{GL}_2(\mathbb{R})$ 中的阶.

习题 6.4. 证明群中元素 a 的阶 $\leqslant 2$ 当且仅当 $a = a^{-1}$.

习题 6.5. 证明如果群 G 中任何元素的阶 $\leqslant 2$, 则 G 是阿贝尔群.

习题 6.6. 设 x 在群中的阶是 n, 求 x^k $(k \in \mathbb{Z})$ 的阶.

习题 6.7. 设 G 是有限阿贝尔群. 证明:
$$\prod_{g \in G} g = \prod_{\substack{a \in G \\ a^2 = 1}} a.$$

习题 6.8. 设 p 是奇素数, $k \geqslant 1$.

(1) 证明 $(\mathbb{Z}/p^k\mathbb{Z})^\times$ 只有 1 个 2 阶元.

(2) 证明
$$\prod_{g \in (\mathbb{Z}/p^k\mathbb{Z})^\times} g = -1.$$

(3) 重新证明**威尔逊定理**: $(p-1)! \equiv -1 \bmod p$.

习题 6.9. 设 m 是奇正整数且不是素数幂次.

(1) 求 $(\mathbb{Z}/m\mathbb{Z})^\times$ 中 2 阶元的个数.

(2) 证明
$$\prod_{g \in (\mathbb{Z}/m\mathbb{Z})^\times} g = 1.$$

习题 6.10. 设 p 为奇素数, X 是 2 阶整系数矩阵, 而 $I = \begin{pmatrix} 1 & 0 \\ 0 & 1 \end{pmatrix}$. 如果 $I + pX \in \mathrm{SL}_2(\mathbb{Z})$ 的阶有限, 证明 $X = 0$.

习题 6.11. 设 $(m, n) = 1$. 如果 G 是 m 阶循环群, H 是 n 阶循环群, 证明 $G \times H$ 是 mn 阶循环群.

习题 6.12. 设 $G = \langle g \rangle$ 为 n 阶循环群. 证明元素 g^k 与 g^l 有相同的阶当且仅当 $(k, n) = (l, n)$.

习题 6.13. 设 $G = \langle g \rangle$ 为 100 阶循环群. 试求

(1) 所有满足 $a^{20} = 1$ 的元素 a;

(2) 所有阶为 20 的元素 a.

习题 6.14. 证明阶 $\leqslant 5$ 的群是阿贝尔群.

习题 6.15. 在同构意义下确定所有 4 阶群.

习题 6.16. 设 a, b 是群 G 的任意两个元素. 试证: a 和 a^{-1}, ab 和 ba 有相同的阶.

习题 6.17. 设 g_1, g_2 是群 G 的元素, H_1, H_2 是 G 的子群. 证明下列两条件等价:

(1) $g_1 H_1 \subseteq g_2 H_2$;

(2) $H_1 \subseteq H_2$ 且 $g_2^{-1} g_1 \in H_2$.

习题 6.18. 设 g_1, g_2 是群 G 的元素, H_1, H_2 是 G 的子群. 证明如 $g_1H_1 \cap g_2H_2 \neq \emptyset$, 则它是 G 关于子群 $H_1 \cap H_2$ 的左陪集.

习题 6.19. 设 G 是阿贝尔群, H 是 G 中所有有限阶元素构成的集合. 证明 H 是 G 的子群.

习题 6.20. 证明 $\mathbb{Q}$ 作为加法群不是循环群. 更进一步地, 证明 $\mathbb{Q}$ 不是有限生成的.

习题 6.21. S^1 的任意有限阶子群均为循环群.

习题 6.22. 如果 H 与 K 是 G 的子群且阶互素, 证明 $H \cap K = 1$.

习题 6.23. 对于有限群 G, 设 $d(G)$ 是最小的正整数 s 使得对任意 $g \in G$, $g^s = 1$. 证明:

(1) $d(G)$ 是 $|G|$ 的因子. 它等于 G 中所有元素阶的最小公倍数.

(2) 如果 G 是阿贝尔群, 则 G 中存在元素阶为 $d(G)$.

(3) 有限阿贝尔群 G 为循环群当且仅当 $d(G) = |G|$.

第七章 对称群

在本章中，我们将利用上一章有关群论的基本性质来研究一类重要的群：对称群. 在一般情况下，这些群是非交换的.

7.1 置换及其表示

我们首先回顾一下定义. 如 A 为非空集合, S_A 是 A 到自身的所有双射的集合, 则 S_A 在映射复合作为乘法运算下构成群, 称为 A 的**对称群**.

如果 A 是有限集 $\{x_1,\cdots,x_n\}$, 则 A 到自身的双射 σ 将有序数组 $(x_1,\cdots,x_n)$ 映为 $(x_{\sigma(1)},\cdots,x_{\sigma(n)})$, 其中 $\sigma(1),\cdots,\sigma(n)$ 经过 $1,\cdots,n$ 每一个元素恰好一次. 特别地, $(1,\cdots,n)$ 到 $(\sigma(1),\cdots,\sigma(n))$ 的变换对应于 $\{1,\cdots,n\}$ 上的双射.

定义 7.1. 对于 $n \geqslant 1$, n **阶对称群** S_n 即集合 $\{1,\cdots,n\}$ 的对称群, 其中元素称为 $\{1,\cdots,n\}$ 的**置换** (或**排列**, permutation).

我们有

命题 7.2. S_n 是 $n!$ 阶有限群, 且当 $n \geqslant 3$ 时, S_n 为非交换群.

证明. $|S_n| = n!$ 由排列数性质即知. 下证 S_n 非交换.

如 $\sigma, \tau \in S_n$, 其中

$$\sigma(1) = 2, \sigma(2) = 3, \cdots, \sigma(n-1) = n, \sigma(n) = 1,$$

$$\tau(1) = 2, \tau(2) = 1, \tau(i) = i (i \geqslant 3).$$

则 $\sigma\tau(1) = \sigma(2) = 3, \tau\sigma(1) = \tau(2) = 1$. 故 $\sigma\tau \neq \tau\sigma$. 即 $n \geqslant 3$ 时, S_n 不是阿贝尔群. □

7.1 置换及其表示

为研究对称群 S_n, 需要一个好的形式来表示其中的置换 $\sigma \in S_n$. 一个自然的想法是将置换用两行式 (亦称为标准形式) 写出

$$\sigma = \begin{pmatrix} 1 & 2 & \cdots & n \\ \sigma(1) & \sigma(2) & \cdots & \sigma(n) \end{pmatrix},$$

其中同一列下面的数是上面的数在置换作用下的像. 例如

$$\sigma = \begin{pmatrix} 1 & 2 & 3 & 4 & 5 & 6 \\ 6 & 4 & 2 & 3 & 5 & 1 \end{pmatrix}$$

即是将 $1 \mapsto 6, 2 \mapsto 4, 3 \mapsto 2, 4 \mapsto 3, 5 \mapsto 5, 6 \mapsto 1$. 这种两行式的好处是简洁明了, 它的逆也容易求出.

$$\sigma^{-1} = \begin{pmatrix} \sigma(1) & \sigma(2) & \cdots & \sigma(n) \\ 1 & 2 & \cdots & n \end{pmatrix} \stackrel{(*)}{=} \begin{pmatrix} 1 & 2 & \cdots & n \\ \sigma^{-1}(1) & \sigma^{-1}(2) & \cdots & \sigma^{-1}(n) \end{pmatrix},$$

其中 $(*)$ 是将列自由移动, 使之上面一行变为 $(1\ 2\ \cdots\ n)$ 的有序数组. 例如上面的 σ, 我们有

$$\sigma^{-1} = \begin{pmatrix} 6 & 4 & 2 & 3 & 5 & 1 \\ 1 & 2 & 3 & 4 & 5 & 6 \end{pmatrix} = \begin{pmatrix} 1 & 2 & 3 & 4 & 5 & 6 \\ 6 & 3 & 4 & 2 & 5 & 1 \end{pmatrix}.$$

两行式表示置换虽然简洁直观, 但记号略为繁琐, 而且在做群乘法运算时不是十分方便. 这时候需要用一行式来表示置换, 或者说用轮换的乘积来表示.

定义 7.3. 设 k 为正整数, $\{i_1, \cdots, i_k\} \subseteq \{1, \cdots, n\}$. 置换 $(i_1\ \cdots\ i_k)$ 是指其将 $i_1 \mapsto i_2 \mapsto \cdots \mapsto i_k \mapsto i_1$ 且对于 $j \notin \{i_1, \cdots, i_k\}, j \mapsto j$. 此时称其为 k **轮换** (k-cycle). 对于 $k = 2$, 称 2 轮换 $\{i_1, i_2\}$ 为**对换** (transposition).

注记. 任何一个 1 轮换均是 S_n 中的单位元, 我们记为 1.

定义 7.4. 如集合 $\{i_1, \cdots, i_k\} \cap \{j_1, \cdots, j_l\} = \varnothing$, 称 k 轮换 $(i_1\ \cdots\ i_k)$ 与 l 轮换 $(j_1\ \cdots\ j_l)$ **不相交**. 否则称它们**相交**.

定理 7.5. (1) 两个不相交轮换必交换, 即 $\sigma\tau = \tau\sigma$ 对不相交轮换 σ, τ 恒成立.

(2) S_n 中任何一个置换可以写为两两不相交轮换之积, 且在不计先后次序并去除 1 轮换的情况下方式唯一.

证明. (1) 设 $\sigma = (i_1\ i_2 \cdots i_k)$, $\tau = (j_1\ j_2 \cdots j_l)$, 则

$$\sigma\tau(i_1) = \sigma(i_1) = i_2 = \tau\sigma(i_1),$$
$$\cdots\cdots\cdots$$
$$\sigma\tau(i_k) = \sigma(i_k) = i_1 = \tau\sigma(i_k),$$
$$\sigma\tau(j_1) = \sigma(j_2) = j_2 = \tau\sigma(j_1),$$
$$\cdots\cdots\cdots$$
$$\sigma\tau(j_l) = \sigma(j_1) = j_1 = \tau\sigma(j_l),$$
$$\sigma\tau(\alpha) = \alpha = \tau\sigma(\alpha), \quad \forall \alpha \notin \{i_1, \cdots, i_k, j_1, \cdots, j_l\}.$$

故 $\sigma\tau = \tau\sigma$.

(2) 对于给定的 $\sigma \in S_n$, 我们在 $\{1, 2, \cdots, n\}$ 上定义关系 $\sim$ 如下:

$$a \sim b \quad \Leftrightarrow \quad \exists k \in \mathbb{Z}, \text{ 使得 } \sigma^k(a) = b.$$

容易验证, $\sim$ 是一个等价关系, 从而诱导出分拆:

$$\{1, 2, \cdots, n\} = \bigsqcup_{1 \leqslant j \leqslant s} T_j.$$

设 $k_j = |T_j|$ 为集合的阶. 对于任意的代表元 $i_j \in T_j$, 不难验证, k_j 事实上是最小的正整数 k, 使得 $\sigma^k(i_j) = i_j$. 从而

$$T_j = \{\sigma^k(i_j) \mid k \in \mathbb{Z}\} = \{i_j, \sigma(i_j), \sigma^2(i_j), \cdots, \sigma^{k_j-1}(i_j)\}.$$

对于每个 j, 我们定义 k_j 轮换 $\sigma_j = (i_j\ \sigma(i_j)\ \sigma^2(i_j)\ \cdots\ \sigma^{k_j-1}(i_j))$, 并断言

$$\sigma = \sigma_1 \sigma_2 \cdots \sigma_s. \tag{7.1}$$

注意到上式右边的这些轮换两两不相交, 从而可交换. 对任意 $i \in \{1, \cdots, n\}$, 不妨设 $i \in T_1$. 对于 $j \geqslant 2$, 总有 $\sigma_j(i) = i$, 从而只需证明 $\sigma(i) = \sigma_1(i)$. 该式对于 T_1 中的元素显然成立. 存在性得证.

设 $1 \neq \sigma = \tau_1 \tau_2 \cdots \tau_t$, 其中 τ_j 是 k_j- 轮换 $(k_j > 1)$ 且两两不相交. 设 $\tau_j(i) \neq i$, 由于对于其他 j', $\tau_{j'}(i) = i$, 故 $\tau_j = (i\ \sigma(i)\ \cdots\ \sigma^{k_j-1}(i))$. 如果设 $i \in T_l$, 则 $\tau_j = \sigma_l$. 唯一性得证. $\square$

例 7.6. 置换 $\sigma = \begin{pmatrix} 1 & 2 & 3 & 4 & 5 & 6 \\ 6 & 4 & 2 & 3 & 5 & 1 \end{pmatrix}$ 诱导出了分拆

$$\{1, 2, 3, 4, 5, 6\} = \{1, 6\} \sqcup \{2, 3, 4\} \sqcup \{5\},$$

从而可以写为一行式的形式

$$\sigma = (1\ 6)(2\ 4\ 3)(5) = (1\ 6)(2\ 4\ 3).$$

例 7.7. 对于小的 n, 对称群可以如下详细给出.
(1) 对于 $n = 2$, $S_2 = \{1, (12)\}$.
(2) 对于 $n = 3$, $S_3 = \{1, (12), (13), (23), (123), (132)\}$.
(3) 对于 $n = 4$, 则

$$S_4 = \{1, (12), (13), (14), (23), (24), (34),$$
$$(123), (132), (124), (142), (134), (143), (234), (243),$$
$$(1234), (1243), (1324), (1342), (1423), (1432),$$
$$(12)(34), (13)(24), (14)(23)\}.$$

注记. k 轮换 $(i_1 \cdots i_k)$ 中哪个元素放在首位不是本质的, 事实上

$$(i_1\ i_2 \cdots i_k) = (i_2 \cdots i_k\ i_1) = \cdots = (i_k\ i_1\ i_2 \cdots i_{k-1}).$$

可以认为这 k 个点沿顺时针方向放在一个钟 (轮) 上, 轮换即沿顺时针旋转.

命题 7.8. 如 $\sigma = (i_1 \cdots i_k)$ 为 k 轮换, 则 σ 的阶为 k, 且 $\sigma^{-1} = (i_k\ i_{k-1} \cdots i_1)$.

证明. 显然. 由上述注记可知, 求逆可以视为沿逆时针旋转. □

一般的置换的阶请参看习题 7.10.

定义 7.9. 设 $\sigma \in S_n$. 当 σ 写为不相交轮换乘积时, k 轮换的个数为 λ_k (如 $k = 1$, 记 λ_1 为 $\{1, \cdots, n\}$ 中被 σ 固定的元素个数), 则称 σ 的**型** 为 $1^{\lambda_1} 2^{\lambda_2} \cdots n^{\lambda_n}$.

由型的定义, 整数 $\lambda_1, \cdots, \lambda_n \geqslant 0$, 满足方程

$$\sum_{i=1}^{n} i \lambda_i = n. \tag{7.2}$$

所以 S_n 中置换的型的个数即为满足 (7.2) 的非负整数组 $\lambda_1, \cdots, \lambda_n$ 的个数. 在组合数学中, 这样的数组称为正整数 n 的一个**分拆** (partition). 分拆的个数称为**分拆函数**, 常用 $p(n)$ 表示.

例 7.10. 由 $p(2) = 2$, $p(3) = 3$, $p(4) = 5$ 知对称群 S_2, S_3 和 S_4 中元素的型分别有 $2, 3$ 和 5 种, 这与例 7.7 一致.

命题 7.11. 置换 σ 与 σ' 的型相同当且仅当 σ 与 σ' 在 S_n 中共轭, 即存在 $\tau \in S_n$, $\sigma' = \tau \sigma \tau^{-1}$. 故对称群 S_n 中共轭类的个数等于分拆函数 $p(n)$.

证明. 设 $\sigma = (i_1 \cdots i_k)(j_1 \cdots j_l) \cdots$，则
$$\tau \sigma \tau^{-1} = (\tau(i_1) \cdots \tau(i_k))(\tau(j_1) \cdots \tau(j_l)) \cdots,$$
它的型与 σ 一致.

反过来，如 $\sigma = (i_1 \cdots i_k)(j_1 \cdots j_l) \cdots$, $\sigma' = (i'_1 \cdots i'_k)(j'_1 \cdots j'_l) \cdots$，令
$$\tau = \begin{pmatrix} i_1 & \cdots & i_k & j_1 & \cdots & j_l & \cdots \\ i'_1 & \cdots & i'_k & j'_1 & \cdots & j'_l & \cdots \end{pmatrix}.$$
则 $\tau \sigma \tau^{-1} = \sigma'$，即 σ 与 σ' 共轭. □

7.2 置换的奇偶性和交错群

7.2.1 奇置换与偶置换

命题 7.12. (1) 任何 k 轮换可以写为 $k-1$ 个对换的乘积.

(2) S_n 由对换生成. 更一般地，S_n 可由对换 $(12), (13), \cdots, (1n)$ 生成.

证明. (1) 这是由于 $(i_1 \cdots i_k) = (i_1 i_k)(i_1 i_{k-1}) \cdots (i_1 i_2)$.

(2) 由于每个置换都是轮换的乘积，故由 (1)，S_n 由对换生成. 由于对每个对换
$$(ij) = (1i)(1j)(1i),$$
故 S_n 可由对换 $(12), (13), \cdots, (1n)$ 生成. □

设 $f = f(x_1, \cdots, x_n)$ 是 $\mathbb{Z}^n$ 到 $\mathbb{Z}$ 的 n 变量函数，对于 $\sigma \in S_n$ 定义
$$\sigma(f)(x_1, \cdots, x_n) = f(x_{\sigma(1)}, \cdots, x_{\sigma(n)}). \tag{7.3}$$
故 $\sigma(f)$ 也是 $\mathbb{Z}^n$ 到 $\mathbb{Z}$ 上的 n 变量函数.

例 7.13. 设 $n = 3$, $\sigma = (123)$, $f(x_1, x_2, x_3) = x_3^2 - x_1$，则
$$\sigma(f)(x_1, x_2, x_3) = x_1^2 - x_2.$$

引理 7.14. 我们有

(1) 如 $\sigma = 1$，则 $\sigma(f) = f$.

(2) 如 $\sigma, \tau \in S_n$，则 $\sigma\tau(f) = \sigma(\tau(f))$.

(3) 如 f, g 为 n 变量函数，c 为整常数，则
$$\sigma(f + g) = \sigma(f) + \sigma(g), \sigma(cf) = c\sigma(f).$$

证明. 我们只证明 (2). 一方面,
$$\sigma\tau(f)(x_1,\cdots,x_n) = f(x_{\sigma\tau(1)},\cdots,x_{\sigma\tau(n)}).$$
另一方面, 由 $\tau(f)(x) = f(x_{\tau(1)},\cdots,x_{\tau(n)})$ 得
$$\sigma(\tau(f))(x) = f(x_{\sigma(\tau(1))},\cdots,x_{\sigma(\tau(n))}) = f(x_{\sigma\tau(1)},\cdots,x_{\sigma\tau(n)}).$$
故 $\sigma\tau(f) = \sigma(\tau(f))$. □

定理 7.15. 存在唯一的群同态 $\varepsilon: S_n \to \{\pm 1\}$, 使得对所有对换 τ 有
$$\varepsilon(\tau) = -1.$$

证明. 令 $\Delta(x_1,\cdots,x_n) = \prod_{1\leqslant i<j\leqslant n}(x_i - x_j)$. 对于任意的对换 τ, 经计算可得 $\tau\Delta = -\Delta$. 更一般地, 如果 σ 是 i 个对换的积, 使用引理 7.14 即得 $\sigma\Delta = (-1)^i\Delta$. 令 $\varepsilon(\sigma) = (-1)^i$. 由于 Δ 是非零多项式, 而 $\sigma\tau(\Delta) = \sigma(\tau(\Delta))$, 故 $\varepsilon(\sigma\tau) = \varepsilon(\sigma)\varepsilon(\tau)$, 从而 ε 为群同态.

唯一性显然, 这是因为所有置换均由对换生成. □

由定理知, 一个置换写成对换乘积时, 对换个数的奇偶性不变. 我们有如下定义.

定义 7.16. 如置换 σ 为偶数个对换的乘积, 称 σ 为**偶置换** (even permutation). 如 σ 为奇数个对换的乘积, 则称 σ 为**奇置换** (odd permutation).

由定义, 我们立刻有

$$偶置换 \cdot 奇置换 = 奇置换,$$
$$偶置换 \cdot 偶置换 = 偶置换,$$
$$奇置换 \cdot 奇置换 = 偶置换.$$

我们下面探讨如何计算给定置换的奇偶性. 首先, 我们有

命题 7.17. 如果置换 $\sigma \in S_n$ 的型为 $1^{\lambda_1}2^{\lambda_2}\cdots n^{\lambda_n}$, 则 σ 的奇偶性与 $\sum_{i=1}^n \lambda_i(i-1)$ 的奇偶性一致.

证明. 这是由于每个 k 轮换均是 $k-1$ 个对换的乘积. □

定义 7.18. 置换 σ 的**交错数** $n(\sigma)$ 定义为集合 $\{(i,j) \mid \sigma(i) > \sigma(j) \text{ 但 } i < j\}$ 的阶.

根据定义, 我们有

$$n(\sigma) = \sum_{i=1}^n \left|\{j \mid \sigma(j) > i \text{ 且 } j < \sigma^{-1}(i)\}\right|. \tag{7.4}$$

即在 σ 的两行式表达中，记 α_i 为第二行中在 i 左边且大于 i 的数的个数，则

$$n(\sigma) = \alpha_1 + \alpha_2 + \cdots + \alpha_{n-1}. \tag{7.5}$$

命题 7.19. 置换 σ 可以写为 $n(\sigma)$ 个对换的乘积. 故置换的奇偶性和它的交错数的奇偶性相同.

证明. 我们对 $n(\sigma)$ 做归纳.

(1) 如 $n(\sigma) = 0$, 则 σ 为恒等变换, 它是零个对换的乘积.

(2) 假设命题对所有 $n(\sigma) < k$ 的置换正确. 如 $n(\sigma) = k > 0$, 则必存在 i 使得 $\sigma(i) > \sigma(i+1)$. 事实上如不然, 则由 $1 \leq \sigma(1) < \sigma(2) < \cdots < \sigma(n) \leq n$ 必有 $\sigma(i) = i$ 对所有 i 成立.

考虑乘积 $\tau = (\sigma(i)\ \sigma(i+1))\sigma$, 则 $\tau(i) = \sigma(i+1), \tau(i+1) = \sigma(i)$ 而 $\tau(j) = \sigma(j)$ 对所有 $j \neq i, i+1$ 成立. 由定义即得 $n(\tau) = n(\sigma) - 1$. 由归纳假设, τ 是 $k-1$ 个对换的乘积, 所以 $\sigma = (\sigma(i)\ \sigma(i+1))\tau$ 是 k 个对换的乘积. 命题得证. □

例 7.20. 例 7.6 中, σ 的型为 $1^1 2^1 3^1$, 由命题 7.17, σ 为奇置换.

另一方面, $\alpha_1 = 5, \alpha_2 = 2, \alpha_3 = 2, \alpha_4 = \alpha_5 = 1$, 故 $n(\sigma) = 11$. 由命题 7.19, σ 为奇置换. 故计算结果两者吻合.

7.2.2 交错群

定义 7.21. S_n 中所有偶置换构成的子群, 即 $\ker \varepsilon$, 称为 n 阶**交错群** (alternating group), 记为 A_n.

由奇偶置换的讨论即知, A_n 是 S_n 的正规子群, 阶为 $\dfrac{n!}{2}$.

定理 7.22. A_5 中无非平凡正规子群, 即若 $1 \neq N \triangleleft A_5$, 则 $N = A_5$.

证明. 若 $N \triangleleft A_5$, 则 N 包含 A_5 的一些共轭类. 首先需要指出的是, A_5 中的两个元素如果在 A_5 中共轭, 则它们在 S_5 中也必然共轭; 当然, 反过来不一定正确. 由命题 7.17 知 A_5 中元素型为 $1^5, 2^2 \cdot 1, 3 \cdot 1^2$ 和 5. 而由命题 7.11, 同型元素在 S_5 中共轭. 令

$$X_1 = \{\text{所有 } 2^2 \cdot 1 \text{ 型元素 } \sigma = (ab)(cd)\},$$
$$X_2 = \{\text{所有 } 3 \cdot 1^2 \text{ 型元素 } \sigma = (abc)\},$$
$$X_3 = \{\text{所有 } 5 \text{ 型元素 } \sigma = (abcde)\}.$$

我们断言

(1) X_1 与 X_2 均是 A_5 中共轭类.

(2) X_3 要么是 A_5 中共轭类, 要么 $X_3 = Y \sqcup Z$, 其中 Y, Z 为 A_5 中共轭类且 $|Y| = |Z| = 12$.

断言 (1) 的证明: 对于 X_1, 如 $\sigma = (ab)(cd), \sigma' = (a'b')(c'd')$, 由于它们在 S_5 中共轭, 存在 $\tau \in S_5$, 使得 $\sigma' = \tau\sigma\tau^{-1}$. 注意到

$$\sigma' = \tau\sigma\tau^{-1} = (a'b')\tau\sigma((a'b')\tau)^{-1},$$

而 τ 与 $(a'b')\tau$ 必有一个在 A_5 中, 故 σ 与 σ' 在 A_5 中共轭.

对于 X_2, 如 $\sigma = (abc), \sigma' = (a'b'c')$, 类似地, 存在 $\tau \in S_5$ 使得 $\sigma' = \tau\sigma\tau^{-1}$. 设 $\{e', f'\} = \{1, 2, 3, 4, 5\} \setminus \{a', b', c'\}$, 则

$$\sigma' = \tau\sigma\tau^{-1} = (e'f')\tau\sigma((e'f')\tau)^{-1}.$$

由于 τ 与 $(e'f')\tau$ 必有一个在 A_5 中, 故 σ 与 σ' 在 A_5 中共轭.

断言 (2) 的证明: 令

$$Y = \{\sigma(12345)\sigma^{-1} \mid \sigma \text{ 为奇}\},$$
$$Z = \{\sigma(12345)\sigma^{-1} \mid \sigma \text{ 为偶}\}.$$

则 Y, Z 为 A_5 中共轭类, $X_3 = Y \cup Z$, 并且映射 $Y \to Z, \tau \mapsto (12)\tau(12)$ 为双射. 若 $Y \cap Z \neq \emptyset$, 设

$$\sigma(12345)\sigma^{-1} = \sigma'(12345)(\sigma')^{-1},$$

其中 σ 为偶置换, σ' 为奇置换, 故

$$(12345) = \tau(12345)\tau^{-1}$$

对奇置换 $\tau = \sigma^{-1}\sigma'$ 成立. 故对于任何 $(abcde) \in X_3$, 由于其与 (12345) 在 S_5 中共轭, 故存在 σ'' 使得

$$(abcde) = \sigma''(12345)(\sigma'')^{-1} = \sigma''\tau(12345)(\sigma''\tau)^{-1},$$

其中 σ'' 与 $\sigma''\tau$ 不同奇偶. 故此时 $Y = Z = X_3$. 另一方面, 若 $Y \cap Z = \emptyset$, 由于 $|X_3| = 24$, 则必有 $X_3 = Y \sqcup Z$, 以及 $|Y| = |Z| = 12$.

由断言, 若 $N \neq 1$, N 必为 $\{1\}$ 与 X_1, X_2, Y, Z 的若干组合之并. 但由拉格朗日定理, N 是 60 的因子, 而 $|X_1| = 15, |X_2| = 20, |Y| = |Z| = 12$ 或 24. 故, 唯一可能的情况是 $N = A_5$. □

注记. 进一步的计算可以验证 $|Y| = |Z| = 12$.

定义 7.23. 如群 $1 \neq G$ 无非平凡正规子群, 则称 G 为**单群** (simple group).

例 7.24. 最简单的单群是素数阶群. 事实上, 素数阶群是仅有的阿贝尔单群. 如 G 是阿贝尔群, $1 \neq g \in G$. 设 g 的阶为 n 而 p 是 n 的素因子, 则 $\langle g^{n/p} \rangle$ 是 G 的 p 阶正规子群. 要使 G 为单群, 则必有 $G = \langle g^{n/p} \rangle$.

Galois 对五次以上代数方程根式解的不存在性的证明依赖于

定理 7.25. $A_n (n \geqslant 5)$ 是单群.

我们前面证明的定理 7.22 是上述定理的特殊情形. 单群就如整数中的素数, 是群论的各种群的建筑基块. 对于单群, 特别是有限单群的研究, 在 20 世纪 50 年代到 80 年代是数学研究的一个热点. 近百名群论学家发表了 500 多篇期刊文章上万页论文, 最终在本世纪初成功将所有有限单群进行了分类, 这就是著名的**有限单群分类定理** (classification theorem of the finite simple groups). 它声称所有的有限单群只有四类: 素数阶循环群; 交错群 $A_n (n \geqslant 5)$; 李型单群 (simple groups of Lie type); 26 个散在单群 (sporadic simple groups). 有限单群分类定理的证明是群论研究的一个高峰, 这个定理被广泛应用到数学研究的各个方面.

习 题

习题 7.1. 把置换 $\sigma = (456)(567)(761)$ 写成不相交轮换的积.

习题 7.2. 计算置换的乘积, 并求乘积的阶.
  (1) $[(135)(2467)] \cdot [(147)(2356)]$.
  (2) $[(13)(57)(246)] \cdot [(135)(24)(67)]$.

习题 7.3. 设置换 $\begin{pmatrix} 1 & 2 & \cdots & n \\ a_1 & a_2 & \cdots & a_n \end{pmatrix}$ 的交错数为 k, 求置换 $\begin{pmatrix} 1 & 2 & \cdots & n \\ a_n & a_{n-1} & \cdots & a_1 \end{pmatrix}$ 的交错数.

习题 7.4. 讨论置换 $\sigma = \begin{pmatrix} 1 & 2 & \cdots & n \\ n & n-1 & \cdots & 1 \end{pmatrix}$ 的奇偶性.

习题 7.5. 考虑 S_n 中的置换 $\sigma = \begin{pmatrix} 1 & 2 & \cdots & n \\ a_1 & a_2 & \cdots & a_n \end{pmatrix}$. 请问何时 σ 的交错数最大?

习题 7.6. 证明 $S_n (n \geqslant 3)$ 中的偶置换均为 3 轮换之积.

习题 7.7. 证明 S_n 中的奇置换的阶一定是偶数.

习题 7.8. 对于 $\sigma = (143)$ 和 $\sigma = (23)(412)$ 分别求 $\sigma(f)(x_1, x_2, x_3, x_4)$.

习题 7.9. 试求 S_3 与 A_4 的所有子群.

习题 7.10. (1) 设 G 为群, $\sigma, \tau \in G$, 满足 $\langle \sigma \rangle \cap \langle \tau \rangle = \{1\}$ 且 $\sigma\tau = \tau\sigma$. 如 σ 的阶

为 m, τ 的阶为 n, 则 $\sigma \cdot \tau$ 的阶为 $[m,n]$, 即 m 和 n 的最小公倍数.

(2) 证明一个置换的阶等于它的轮换表示中各个轮换的长度的最小公倍数.

习题 7.11. 证明 S_n 中型为 $1^{\lambda_1} 2^{\lambda_2} \cdots n^{\lambda_n}$ 的置换共有 $n!/\prod_{i=1}^{n} \lambda_i! i^{\lambda_i}$ 个. 由此证明

$$\sum_{\substack{\lambda_i \geqslant 0 \\ \lambda_1 + 2\lambda_2 + \cdots + n\lambda_n = n}} \frac{1}{\prod_{i=1}^{n} \lambda_i! i^{\lambda_i}} = 1.$$

习题 7.12. 给出 S_4 的一个 6 阶子群. 试说明 A_4 没有 6 阶子群.

习题 7.13. 当 $n \geqslant 2$ 时, (12) 和 $(123\cdots n)$ 是 S_n 的一组生成元.

习题 7.14. 设 $\alpha, \beta \in S_n$. 证明:

(1) $\alpha \beta \alpha^{-1} \beta^{-1} \in A_n$;

(2) $\alpha \beta \alpha^{-1} \in A_n$ 当且仅当 $\beta \in A_n$.

习题 7.15. 设 $\sigma \in S_n$, 则存在 $\alpha, \beta \in S_n$, $\sigma = \alpha\beta$ 且 $\alpha^2 = \beta^2 = 1$.

习题 7.16. 设 $|X| = m$, $|Y| = n$, $\sigma \in S_X$, $\tau \in S_Y$. 令 $\xi \in S_{X \times Y}$ 由如下给出:

$$\xi(x, y) = (\sigma(x), \tau(y)) \quad (x \in X, y \in Y).$$

试以 $\varepsilon(\sigma)$ 与 $\varepsilon(\tau)$ 表示 $\varepsilon(\xi)$.

习题 7.17. 对于群 G 中的元素 g, 所有与 g 交换的元素构成的集合称为 g 的**中心化子**, 并记作 $N_G(g)$. 证明 $N_G(g)$ 是 G 的子群, 并对于以下的群和元素求出相应的中心化子:

(1) $G = S_4$, $g = (12)(34)$.

(2) $G = SL_2(\mathbb{R})$, $g = \begin{pmatrix} a & 0 \\ 0 & b \end{pmatrix}$.

习题 7.18. 对于四元多项式 f, 令

$$G_f = \{\sigma \in S_4 | (\sigma f)(x_1, x_2, x_3, x_4) = f(x_1, x_2, x_3, x_4)\}.$$

证明 G_f 是 S_4 的子群, 并求

(1) $f = x_1 x_2 + x_3 x_4$,

(2) $f = x_1 x_2 x_3 x_4$

时的 G_f.

第八章 域 $\mathbb{F}_p$ 上的算术

有限域上的算术是应用最为广泛的数学理论之一，是密码，编码和信息安全等众多领域的数学基础. 在本章，我们将研究有限域 $\mathbb{F}_p$ 的乘法群的结构，引进二次剩余的概念，并证明二次互反律.

8.1 乘法群 $(\mathbb{Z}/m\mathbb{Z})^\times$ 与 $\mathbb{F}_p^\times$ 的结构

8.1.1 乘法群的结构

设 m 是正整数. 根据中国剩余定理，我们有

定理 8.1. 设 m 的因式分解为 $m = p_1^{e_1} \cdots p_s^{e_s}$. 则映射

$$\varphi : (\mathbb{Z}/m\mathbb{Z})^\times \longrightarrow \prod_{i=1}^{s} (\mathbb{Z}/p_i^{e_i}\mathbb{Z})^\times$$

$$a \bmod m \longmapsto (a \bmod p_i^{e_i})_{i=1}^{s}$$

是群同构.

因此要研究群 $(\mathbb{Z}/m\mathbb{Z})^\times$ 的结构，我们只需要研究 $(\mathbb{Z}/p^k\mathbb{Z})^\times$ 的结构，其中 p 为素数，$k \geqslant 1$. 特别地，需要研究 $(\mathbb{Z}/p\mathbb{Z})^\times = \mathbb{F}_p^\times$ 的结构.

首先假设 p 为奇素数.

定理 8.2. 乘法群 $\mathbb{F}_p^\times$ 为循环群. 即存在 $g \bmod p$, 它的阶为 $p-1$.

证明. 对于 $d \mid p-1$, 令 $S(d) = \#\{a \in \mathbb{F}_p^\times \mid a$ 的阶为 $d\}$ 为 $\mathbb{F}_p^\times$ 中阶为 d 的元素的个数，故

$$p - 1 = \sum_{d \mid p-1} S(d).$$

我们只需证明 $S(p-1) \neq 0$ 即可.

对于一般的 d, 由于 $\mathbb{F}_p^\times$ 中阶为 d 的元素都是多项式 $x^d - 1$ 在域 $\mathbb{F}_p$ 上的根, 因此, 我们只需确定这些根中有多少个元素的阶正好为 d. 另一方面, 如果 $S(d) \neq 0$, 可以设 a 的阶为 d, 则 a^i $(0 \leqslant i \leqslant d-1)$ 是多项式 $x^d - 1$ 在域 $\mathbb{F}_p$ 上的 d 个不同根. 但由多项式的拉格朗日定理 (定理 5.15), 它们必然是 $x^d - 1$ 的全部根. 这些根中, 形如 a^d $(1 \leqslant k < d, (k,d) = 1)$ 的元素的阶恰好为 d, 而其他元素的阶小于 d. 故

$$S(d) = \begin{cases} \varphi(d), & \text{如存在阶为 } d \text{ 的元素}; \\ 0, & \text{如不存在阶为 } d \text{ 的元素}. \end{cases}$$

即 $S(d) \leqslant \varphi(d)$ 对所有 $d \mid p-1$ 成立. 所以

$$p - 1 = \sum_{d \mid p-1} S(d) \leqslant \sum_{d \mid p-1} \varphi(d) = p - 1,$$

其中最后一个等式来自于等式 (6.6). 因此 $S(d) = \varphi(d)$. 特别地, $S(p-1) = \varphi(p-1) \geqslant 1$. □

在讨论 $k > 1$ 的情形前, 我们先给出如下事实:

引理 8.3. 设 $f: G \to H$ 为群同态, $f(g) = h$. 如 h 的阶为 k, 则 g 的阶被 k 整除.

证明. 如 g 的阶为 m, 则 $g^m = 1$, 所以 $f(g^m) = h^m = 1$, 故 $k \mid m$. □

定理 8.4. 对于 $k \geqslant 1$, $(\mathbb{Z}/p^k\mathbb{Z})^\times$ 为循环群.

证明. $k = 1$ 的情形即上面的定理 8.2. 对于一般的 k, 我们应用上述引理 8.3 到群同态

$$(\mathbb{Z}/p^{k+1}\mathbb{Z})^\times \to (\mathbb{Z}/p^k\mathbb{Z})^\times$$

$$a \bmod p^{k+1} \mapsto a \bmod p^k.$$

- $k = 2$ 的情形. 如 $g \bmod p$ 为 $\mathbb{F}_p^\times$ 的生成元, 则由引理 8.3, $g \bmod p^2$ 与 $(g+p) \bmod p^2$ 在 $(\mathbb{Z}/p^2\mathbb{Z})^\times$ 的阶被 $p-1$ 整除. 由于 $\varphi(p^2) = p(p-1)$, 故它们的阶只能是 $p(p-1)$ 或者 $p-1$. 我们只要证明它们中有一个元素的阶不是 $p-1$ 即可, 即证明 g^{p-1} 和 $(g+p)^{p-1}$ 不能同时为 $1 \bmod p^2$. 为此, 仅需注意到

$$(g+p)^{p-1} - g^{p-1} = \sum_{k \geqslant 1} \binom{p-1}{k} g^{p-1} p^k \equiv p(p-1)g^{p-2} \not\equiv 0 \bmod p^2.$$

- $k \geqslant 2$ 的情形. 设 $g \bmod p^2$ 为 $(\mathbb{Z}/p^2\mathbb{Z})^\times$ 的一个生成元, 则

$$g^{p-1} \not\equiv 1 \bmod p^2. \tag{8.1}$$

我们归纳证明, 对于 $k \geqslant 1$,
$$g^{\varphi(p^k)} = 1 + p^k \alpha_k, \ p \nmid \alpha_k. \tag{8.2}$$
当 $k=1$ 时, (8.2) 即条件 (8.1). 设当 $k=r$ 时 (8.2) 成立, 则
$$g^{\varphi(p^{r+1})} = (1 + p^r \alpha_r)^p \equiv 1 + p^{r+1} \alpha_r \bmod p^{r+2}.$$
在这儿, 我们用到了 $p \neq 2$ 这一条件. 故由归纳假设, 式 (8.2) 对于 $k=r+1$ 亦成立.

现在我们归纳证明 $g \bmod p^k$ 为 $(\mathbb{Z}/p^k\mathbb{Z})^\times$ 的生成元. 当 $k=2$ 时, 这由 g 的选取决定. 设当 $k=r$ 时 $g \bmod p^r$ 在 $(\mathbb{Z}/p^r\mathbb{Z})^\times$ 的阶为 $\varphi(p^r)$, 由引理 8.3, $g \bmod p^{r+1}$ 在 $\mathbb{Z}/p^{r+1}\mathbb{Z}$ 的阶被 $\varphi(p^r)$ 整除. 但 (8.2) 说明它的阶不等于 $\varphi(p^r)$, 故只能是 $\varphi(p^{r+1}) = p\varphi(p^r)$. 定理得证. □

现在讨论 $p=2$ 的情形. 当 $k=1,2$ 时, $(\mathbb{Z}/2\mathbb{Z})^\times$ 与 $(\mathbb{Z}/4\mathbb{Z})^\times$ 分别是 $\{1\}$ 和 $\{\pm 1\}$, 自然是循环群.

命题 8.5. 如 $k \geqslant 3$, 则 $(\mathbb{Z}/2^k\mathbb{Z})^\times$ 不是循环群.

证明. 只要证明对任何奇数 a, $a^{2^{k-2}} \equiv 1 \bmod 2^k$ 即可. 这由归纳法立得 (参见习题 4.5). □

定义 8.6. 设 $m \geqslant 1$, 如果 $(\mathbb{Z}/m\mathbb{Z})^\times$ 为循环群, 则它的一个生成元 $g \bmod m$ (或相应的 $g \in \mathbb{Z}$) 称为模 m 的一个**原根** (primitive root).

综合以上结果, 我们有

定理 8.7. 模 m 原根存在 (即 $(\mathbb{Z}/m\mathbb{Z})^\times$ 为循环群) 当且仅当 $m = 2, 4, p^\alpha$ 或 $2p^\alpha$, 其中 p 为奇素数, $\alpha \geqslant 1$.

证明. 我们已经对 $m = 2, 4, p^\alpha$ 证明了原根存在, 而对 $m = 2^k (k \geqslant 3)$ 原根不存在. 当 $m = 2p^\alpha$ 时,
$$(\mathbb{Z}/2p^\alpha\mathbb{Z})^\times \cong (\mathbb{Z}/2\mathbb{Z})^\times \times (\mathbb{Z}/p^\alpha\mathbb{Z})^\times \cong (\mathbb{Z}/p^\alpha\mathbb{Z})^\times,$$
故它为循环群.

对于其他情况, 我们有 $m = m_1 \cdot m_2$, 其中 $m_1, m_2 > 2$ 且 $(m_1, m_2) = 1$. 此时
$$(\mathbb{Z}/m\mathbb{Z})^\times \cong (\mathbb{Z}/m_1\mathbb{Z})^\times \times (\mathbb{Z}/m_2\mathbb{Z})^\times.$$
由于 $\varphi(m_1)$ 与 $\varphi(m_2)$ 有共同的素因子 2. 故由下面引理, $(\mathbb{Z}/m\mathbb{Z})^\times$ 中任何元素的阶都被 $\varphi(m_1)\varphi(m_2)/2 = \varphi(m)/2$ 整除, 故它不是循环群. □

引理 8.8. 设群 G 和 H 为有限群, 则群 $G \times H$ 中任何元素的阶均整除 G 与 H 的阶的最小公倍数 $[|G|,|H|]$.

证明. 设 $(g,h) \in G \times H$, $m = [|G|,|H|]$, 则 $g^m = h^m = 1$. 所以 $(g,h)^m = 1$. □

8.1.2 原根的计算

上面我们给出了原根的存在性结果, 但在实际应用中, 我们需要真正找到原根 (生成元). 定理 8.4 的证明和中国剩余定理实际上给出了求模 m 的原根 (其中 $m = p^k$ 与 $m = 2p^k$) 的办法:

(1) 求出模 p 的原根 g. 在实际应用中, 这可以用概率性算法. 随机选取 a ($2 \leqslant a \leqslant p-1$), 检查 a 模 p 的阶. 根据定理 8.2, a 有 $\varphi(p-1)/(p-2)$ 的可能性是原根.

(2) 计算 $g^{p-1} \bmod p^2$ (模算术), 如果不等于 $1 \bmod p^2$, 则 g 是模 p^k ($k \geqslant 2$) 的原根; 否则 $g+p$ 是模 p^k ($k \geqslant 2$) 的原根.

(3) 设 g 是模 p^k ($k \geqslant 2$) 的原根. 如 g 为奇数, 则 g 是模 $2p^k$ 的原根; 如 g 为偶数, 则 $g+p^k$ 是模 $2p^k$ 的原根.

例 8.9. 设 $p = 31$. 首先 $p - 1 = 30 = 2 \times 3 \times 5$. 由于 $3^6, 3^{10}, 3^{15}$ 均不是 $1 \bmod 31$, 故 3 是模 31 的原根 (参考习题 8.2). 由于 $3^{30} \equiv 528 \bmod 961$, 故 3 是模 31^k 和模 $2 \cdot 31^k$ 的原根.

8.1.3 高次同余方程求解

如果模 m 的原根存在, 设 g 为模 m 的一个原根, 则根据 (6.1) 我们有群同构

$$\log_g : (\mathbb{Z}/m\mathbb{Z})^\times \to \mathbb{Z}/\varphi(m)\mathbb{Z}, \quad a \mapsto \log_g a. \tag{8.3}$$

元素 a 关于原根 g 的离散对数 $\log_g a$ 也称为 a 关于原根 g 的**指数** (index). 故离散对数问题 (问题 6.9) 在此处也就是指数的计算问题. 当 m 很大时, 这个问题是很困难的问题. 当 m 比较小时, 指数的计算可以用来求解高次同余方程.

问题 8.10. 已知模 m 原根存在. 设 $(a, m) = 1$. 如何求 $x^k \equiv a \bmod m$ 的解?

根据命题 6.10, 我们有如下理论性结果:

命题 8.11. 设 g 是模 m 的原根, $(a, m) = 1$. 则同余方程 $x^k \equiv a \bmod m$ 的解当且仅当 $d = (k, \varphi(m)) \mid \log_g a$. 且当此条件成立时, 方程的解为 g^y, 其中 $y \equiv \dfrac{c \log_g a}{d} \bmod \dfrac{\varphi(m)}{d}$, 而 c 为 $\dfrac{k}{d}$ 模 $\dfrac{\varphi(m)}{d}$ 的逆.

8.2 $\mathbb{F}_p^\times$ 的平方元与二次剩余

设 p 为奇素数, 由上节知 $\mathbb{F}_p^\times$ 为循环群. 设 g 是 $\mathbb{F}_p^\times$ 的一个原根 (生成元), 如果 $g^k = (g^l)^2$, 其中 $k, l \in \mathbb{Z}$, 则 k 为偶数. 从而 $\mathbb{F}_p^\times$ 中平方元的集合为

$$\mathbb{F}_p^{\times 2} = \{1, g^2, g^4, \cdots, g^{p-3}\}. \tag{8.4}$$

定义 8.12. 如果 $a \bmod p$ 是 $\mathbb{F}_p^\times$ 中的平方元, 称 $a \bmod p$ 为**二次剩余** (quadratic residue). 反之, 则称为**二次非剩余** (quadratic nonresidue).

注记. 很容易看出, 如果 p 为奇素数, 则恰有 $(p-1)/2$ 个模 p 的二次剩余, 以及相同数目的二次非剩余. 进一步地, 如果 g 是 $\mathbb{F}_p^\times$ 的一个原根, 则 g^k 为二次剩余的充要条件是 $2 \mid k$.

定义 8.13. 对于 $a \in \mathbb{F}_p$, **勒让德符号** (Legendre symbol) 定义为

$$\left(\frac{a}{p}\right) = \begin{cases} 1, & \text{如 } a \text{ 为二次剩余}; \\ 0, & \text{如 } a = 0; \\ -1, & \text{如 } a \text{ 为二次非剩余}. \end{cases} \tag{8.5}$$

对于 $a \in \mathbb{Z}$, 定义

$$\left(\frac{a}{p}\right) = \left(\frac{a \bmod p}{p}\right). \tag{8.6}$$

勒让德符号有如下性质:

命题 8.14. 映射

$$\left(\frac{\cdot}{p}\right): \mathbb{F}_p^\times \longrightarrow \{\pm 1\}$$

是群的满同态, 即满足

$$\left(\frac{a}{p}\right)\left(\frac{b}{p}\right) = \left(\frac{ab}{p}\right). \tag{8.7}$$

换言之, 二次剩余之积为二次剩余, 二次非剩余之积为二次剩余, 二次剩余与二次非剩余之积为二次非剩余.

注记. 事实上对于 $a, b \in \mathbb{F}_p$, 我们总有 $\left(\frac{a}{p}\right)\left(\frac{b}{p}\right) = \left(\frac{ab}{p}\right)$.

证明. 设 g 为 $\mathbb{F}_p^\times$ 的生成元. 如 $a = g^k$, $b = g^l$, 则 $ab = g^{k+l}$. 而

$$\left(\frac{a}{p}\right) = (-1)^k, \quad \left(\frac{b}{p}\right) = (-1)^l, \quad \left(\frac{ab}{p}\right) = (-1)^{k+l}.$$

故得欲证. □

命题 8.15. 设 $a \in \mathbb{F}_p^\times$. 则下列条件等价:

(1) $\left(\dfrac{a}{p}\right) = 1$;

(2) $x^2 = a$ 在 $\mathbb{F}_p^\times$ 有解;

(3) $x^2 - a$ 在 $\mathbb{F}_p[x]$ 中可约.

证明. 显然. □

命题 8.16. 二次同余方程 $x^2 \equiv a \bmod p$ 的解数恰好为 $\left(\dfrac{a}{p}\right) + 1$.

证明. 显然. □

我们现在讨论勒让德符号的计算. 由算术基本定理整数 a 有如下因式分解:
$$a = (-1)^\varepsilon 2^\alpha p_1^{\alpha_1} \cdots p_s^{\alpha_s} \quad (\varepsilon, \alpha, \alpha_i \in \mathbb{N}).$$

如 $p \mid a$, 则 $\left(\dfrac{a}{p}\right) = 0$. 如 $(a,p) = 1$, 则
$$\left(\frac{a}{p}\right) = \left(\frac{-1}{p}\right)^\varepsilon \left(\frac{2}{p}\right)^\alpha \left(\frac{p_1}{p}\right)^{\alpha_1} \cdots \left(\frac{p_s}{p}\right)^{\alpha_s}. \tag{8.8}$$

要求 $\left(\dfrac{a}{p}\right)$ 的值, 只需要求
$$\left(\frac{-1}{p}\right), \left(\frac{2}{p}\right), \left(\frac{q}{p}\right) \quad (p,q \text{ 为奇素数}).$$

命题 8.17 (欧拉判别法). $\left(\dfrac{a}{p}\right) \equiv a^{\frac{p-1}{2}} \bmod p$.

证明. 如 $p \mid a$, 则左边 = 右边 $\equiv 0 \bmod p$. 否则, 可以设 g 为模 p 的原根, $a = g^k \in \mathbb{F}_p^\times$, 则 $\left(\dfrac{a}{p}\right) = (-1)^k$. 另一方面, $a^{p-1} = 1$, 从而 $a^{\frac{p-1}{2}} = \pm 1$, 并且 $a^{\frac{p-1}{2}} = g^{\frac{p-1}{2}k} = 1$ 当且仅当 $p-1$ 是 $\dfrac{k(p-1)}{2}$ 的因子, 当且仅当 k 为偶数. 命题得证. □

推论 8.18. $\left(\dfrac{-1}{p}\right) = (-1)^{\frac{p-1}{2}}$.

证明. 由欧拉判别法, $\left(\dfrac{-1}{p}\right) \equiv (-1)^{\frac{p-1}{2}} \bmod p$. 但由于 $p > 2$, 故 $\left(\dfrac{-1}{p}\right) = (-1)^{\frac{p-1}{2}}$. □

命题 8.19 (高斯引理). 设 p 是奇素数, $(a,p) = 1$, $r = \dfrac{p-1}{2}$. 记 μ 为
$$a, 2a, \cdots, ra$$

中被 p 做带余除法余数大于 $\frac{p}{2}$ 的个数, 则

$$\left(\frac{a}{p}\right) = (-1)^\mu. \tag{8.9}$$

证明. 设 $b_1, \cdots, b_\lambda$ 与 $c_1, \cdots, c_\mu$ 分别为 $a, 2a, \cdots, ra$ 被 p 整除小于和大于 $\frac{p}{2}$ 的余数, 则 $\lambda + \mu = r$.

注意到对于 $i_1 \neq i_2, j_1 \neq j_2$ 及对所有 i 和 j 均有

$$b_{i_1} \not\equiv b_{i_2}, \quad c_{j_1} \not\equiv c_{j_2}, \quad b_i \not\equiv p - c_j \bmod p,$$

而由于 $1 \leqslant b_i, p - c_j \leqslant r$, 故

$$\{b_1, \cdots, b_\lambda, p - c_1, \cdots, p - c_\mu\} = \{1, \cdots, r\}.$$

所以

$$r! = b_1 \cdots b_\lambda \cdot (p - c_1) \cdots (p - c_\mu) \equiv (-1)^\mu b_1 \cdots b_\lambda \cdot c_1 \cdots c_\mu$$
$$\equiv (-1)^\mu a \cdot (2a) \cdots (ra) \equiv (-1)^\mu a^r r! \mod p.$$

从而由欧拉判别法, 有 $\left(\frac{a}{p}\right) \equiv (-1)^\mu \bmod p$. 同样由于 $p > 2$, 即得 $\left(\frac{a}{p}\right) = (-1)^\mu$. □

推论 8.20. $\left(\frac{2}{p}\right) = (-1)^{\frac{p^2-1}{8}} = \begin{cases} 1 & \text{如 } p \equiv \pm 1 \bmod 8, \\ -1 & \text{如 } p \equiv \pm 3 \bmod 8. \end{cases}$

证明. 我们对 $p \equiv 7 \bmod 8$ 情况使用高斯引理, 其他情况类似.

注意到此时 $p = 8k + 7, r = 4k + 3$. 由于 $a = 2, 2 \cdot 2, \cdots, (2k+1) \cdot 2$ 被 p 整除的余数小于 $\frac{p}{2}$, 而 $(2k+2) \cdot 2, \cdots, (4k+3) \cdot 2$ 被 p 整除的余数大于 $\frac{p}{2}$, 故 $\left(\frac{2}{p}\right) = (-1)^{2k+2} = 1$. □

对于 $\left(\frac{q}{p}\right)$ 的情形, 我们有下述

定理 8.21 (二次互反律, quadratic reciprocity law). 设 p, q 为奇素数, 则

$$\left(\frac{q}{p}\right)\left(\frac{p}{q}\right) = (-1)^{\frac{p-1}{2} \cdot \frac{q-1}{2}}. \tag{8.10}$$

换言之即

$$\left(\frac{q}{p}\right) = \begin{cases} \left(\frac{p}{q}\right) & \text{如 } p, q \text{ 不全为 } 3 \bmod 4, \\ -\left(\frac{p}{q}\right) & \text{如 } p \equiv q \equiv 3 \bmod 4. \end{cases} \tag{8.11}$$

二次互反律是高斯对数论的重要贡献. 它是古典数论的结束, 也是现代数论的开始. 直到现代, 数论研究的核心问题仍是二次互反律的各种 (极其复杂而深刻的) 推广. 二次互反律也是被证明最多的数学定理之一, 迄今已经有超过一百多种证明. 我们将在下一节证明二次互反律. 这儿, 我们先举例说明如何应用二次互反律.

例 8.22. 判定同余方程 $x^2 \equiv 219 \bmod 383$ 是否有解?

解. 我们首先计算 $\left(\dfrac{219}{383}\right)$. 由于勒让德符号是积性的,

$$\left(\frac{219}{383}\right) = \left(\frac{73}{383}\right) \cdot \left(\frac{3}{383}\right).$$

由二次互反律,

$$\left(\frac{73}{383}\right) = \left(\frac{383}{73}\right) = \left(\frac{18}{73}\right) = \left(\frac{2}{73}\right) = 1,$$

$$\left(\frac{3}{383}\right) = -\left(\frac{383}{3}\right) = -\left(\frac{2}{3}\right) = (-1) \cdot (-1) = 1.$$

故 $\left(\dfrac{219}{383}\right) = 1$. 由命题 8.16, 方程 $x^2 \equiv 219 \bmod 383$ 有两个解. □

例 8.23. 试求所有的素数 p, 使得 $x^2 + 2x + 7$ 在 $\mathbb{F}_p[x]$ 中为不可约多项式.

解. 由 $x^2 + 2x + 7 = (x+1)^2 + 6$, 多项式 $x^2 + 2x + 7$ 不可约等价于 -6 为二次非剩余, 即 $\left(\dfrac{-6}{p}\right) = -1$. 当 $p = 2, 3$ 时, 这不可能成立. 当 $p \neq 2, 3$ 时, 注意到由二次互反律

$$\left(\frac{-3}{p}\right) = \left(\frac{-1}{p}\right)\left(\frac{3}{p}\right) = (-1)^{\frac{p-1}{2}} \cdot (-1)^{\frac{p-1}{2}} \left(\frac{p}{3}\right) = \left(\frac{p}{3}\right).$$

因此 $\left(\dfrac{-6}{p}\right) = -1$ 当且仅当

$$\begin{cases} \left(\dfrac{2}{p}\right) = 1, \\ \left(\dfrac{p}{3}\right) = -1 \end{cases} \quad \text{或} \quad \begin{cases} \left(\dfrac{2}{p}\right) = -1, \\ \left(\dfrac{p}{3}\right) = 1. \end{cases}$$

这又等价于

$$\begin{cases} p \equiv 1, 7 \bmod 8, \\ p \equiv -1 \bmod 3 \end{cases} \quad \text{或} \quad \begin{cases} p \equiv 3, 5 \bmod 8, \\ p \equiv 1 \bmod 3. \end{cases}$$

第一个同余方程组的解为 $p \equiv 17, 23 \bmod 24$, 第二个同余方程组的解为 $p \equiv 13, 19 \bmod 24$. 故多项式 $x^2 + 2x + 7$ 为不可约多项式等价于 $p \equiv 13, 17, 19, 23 \bmod 24$. □

在上面例题中, 我们实际上是在问当勒让德符号 $\left(\dfrac{a}{p}\right)$ 在 a 固定, p 变化时的变化规律. 这里面其实蕴含了深刻的数论性质. 我们举例说明这个情况. 设 $a=-2$ 固定, $p<30$, 我们有

$$\left(\dfrac{-2}{p}\right)=\begin{cases}1 & p=3,11,17,19,\\ 0 & p=2,\\ -1 & p=5,7,13,23,29.\end{cases} \tag{8.12}$$

另一方面, 我们看方程 $p=x^2+2y^2$ 是否有整数解. 我们有

$2=0^2+2\cdot 1^2,\ 3=1^2+2\cdot 1^2,\ 11=3^2+2\cdot 1^2,\ 17=3^2+2\cdot 2^2,\ 19=1^2+2\cdot 3^2,$

而 $p=5,7,13,23,29$ 时没有整数解. 因此, 在 p 为 <30 的素数时,

$$\left(\dfrac{-2}{p}\right)=-1 \Longleftrightarrow p=x^2+2y^2 \text{ 无整数解},$$

$$\left(\dfrac{-2}{p}\right)=1 \Longleftrightarrow p=x^2+2y^2 \text{ 有正整数解}.$$

事实上, 上面的刻画对于任意的素数 p 皆成立. 这个现象实际上揭示了环 $\mathbb{Z}[\sqrt{-2}]=\{a+b\sqrt{-2}\mid a,b\in\mathbb{Z}\}$ 的一些性质. 现代数论中一个核心内容就是对这一现象和其他更一般的现象进行诠释, 从而发展了更多更复杂的互反律理论.

8.3　二次互反律的证明和变例

我们首先证明二次互反律. 我们将给出两种证明, 一种使用高斯引理, 而另外一种采用了中国剩余定理.

采用高斯引理的证明. 设 a 是奇数且与 p 互素. 对于 $1\leqslant i\leqslant r=\dfrac{p-1}{2}$, 有带余除法

$$ia=p\left[\dfrac{ia}{p}\right]+r_i,\ 0<r_i<p. \tag{8.13}$$

我们沿用高斯引理证明中的记号, 故

$$\{r_i\mid 1\leqslant i\leqslant r\}=\{b_j\mid 1\leqslant j\leqslant \lambda\}\bigsqcup\{c_k\mid 1\leqslant k\leqslant \mu\}.$$

对 (8.13) 两边求和, 则有

$$\dfrac{p^2-1}{8}a=pA+B+C, \tag{8.14}$$

其中
$$A = \sum_{i=1}^{r}\left[\frac{ia}{p}\right], \quad B = \sum_{j=1}^{\lambda} b_j, \quad C = \sum_{k=1}^{\mu} c_k.$$

由于 $\{b_j \mid 1 \leqslant j \leqslant \lambda\} \cup \{p - c_k \mid 1 \leqslant k \leqslant \mu\} = \{1, \cdots, r\}$, 故

$$B + \mu p - C = \frac{r(r+1)}{2} = \frac{p^2 - 1}{8}. \tag{8.15}$$

由 (8.14) 与 (8.15) 即得

$$\frac{p^2 - 1}{8}(a - 1) = (A - \mu)p + 2C. \tag{8.16}$$

由于 a 为奇数, (8.16) 推出 A 与 μ 同奇偶. 故由高斯引理,

$$\left(\frac{q}{p}\right) = (-1)^{\sum\limits_{i=1}^{(p-1)/2}\left[\frac{iq}{p}\right]}. \tag{8.17}$$

同理,

$$\left(\frac{p}{q}\right) = (-1)^{\sum\limits_{j=1}^{(q-1)/2}\left[\frac{jp}{q}\right]}. \tag{8.18}$$

鉴于此, 要证明二次互反律, 我们只要证明

$$\sum_{i=1}^{(p-1)/2}\left[\frac{iq}{p}\right] + \sum_{j=1}^{(q-1)/2}\left[\frac{jp}{q}\right] = \frac{p-1}{2} \cdot \frac{q-1}{2}. \tag{8.19}$$

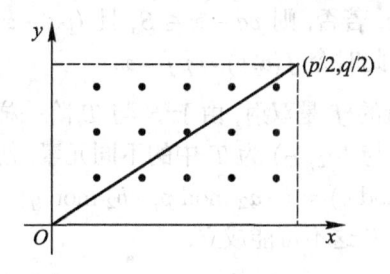

图 8.1 $p = 11, q = 7$ 的情形

为此, 我们可以考虑直角坐标系中由点 $(0,0)$, $\left(\frac{p}{2}, 0\right)$, $\left(0, \frac{q}{2}\right)$ 和 $\left(\frac{p}{2}, \frac{q}{2}\right)$ 构成的长方形内 (不含边界) 坐标为整数的点 (这样的点称为整点), 其个数显然为 $\frac{p-1}{2} \cdot \frac{q-1}{2}$. 另一方面, 过点 $(0,0)$ 的对角线将长方形分成两个三角形 (参见图 8.1).

该对角线上没有长方形内的整点, 而右下面三角形内的整点个数即 $\sum_{i=1}^{(p-1)/2}\left[\dfrac{iq}{p}\right]$,
左上面三角形内的整点个数即 $\sum_{j=1}^{(q-1)/2}\left[\dfrac{jp}{q}\right]$. 故 (8.19) 得证. □

采用中国剩余定理的证明. 令集合

$$S=\left\{x\mid 1\leqslant x\leqslant \dfrac{pq-1}{2}, (x,pq)=1\right\}$$
$$=\left\{1,2,\cdots,\dfrac{pq-1}{2}\right\}-\left(\left\{p,2p,\cdots,\dfrac{(q-1)p}{2}\right\}\bigsqcup\left\{q,2q,\cdots,\dfrac{(p-1)q}{2}\right\}\right),$$
$$T=\left\{(a,b)\mid 1\leqslant a\leqslant p-1, 1\leqslant b\leqslant \dfrac{q-1}{2}\right\}.$$

则 S 与 T 均有相同的阶 $\dfrac{(p-1)(q-1)}{2}$.

我们构造双射 $f:T\to S$, 使得若 $f(a,b)=x\in S$, 则方程组

$$\begin{cases} x\equiv a \bmod p \\ x\equiv b \bmod q \end{cases} \quad \text{或} \quad \begin{cases} x\equiv -a \bmod p \\ x\equiv -b \bmod q \end{cases} \tag{8.20}$$

成立. 我们首先构造映射 f. 对于 $(a,b)\in T$, 由中国剩余定理, 存在唯一的 x, $1\leqslant x\leqslant pq-1$ 且 $(x,pq)=1$ 使得 $(x\bmod p, x\bmod q)=(a\bmod p, b\bmod q)$. 若 $x\in S$, 则令 $f(a,b)=x$; 若否, 则 $pq-x\in S$, 且 $(pq-x\bmod p, pq-x\bmod q)=(-a\bmod p, -b\bmod q)$, 此时令 $f(a,b)=pq-x$.

为了说明上面构造的 f 是双射, 由于 S 与 T 阶一样, 我们只需验证 f 为单射. 为此, 假定 (a_1,b_1) 与 (a_2,b_2) 为 T 中的不同元素, 使得 $f(a_1,b_1)=f(a_2,b_2)$, 则必有 $(a_1\bmod p, b_1\bmod q)=(-a_2\bmod p, -b_2\bmod q)$, 从而 $q\mid (b_1+b_2)$. 但是对于 $(a_1,b_1), (a_2,b_2)\in T$ 这不可能成立.

我们现在计算 $\prod_{x\in S} x\bmod p$ 与 $\prod_{x\in S} x\bmod q$. 一方面, 由于

$$S=\bigcup_{i=1}^{(q-1)/2}\{(i-1)p+1,\cdots,ip-1\}$$
$$\bigcup\left\{\dfrac{q-1}{2}p+1,\cdots,\dfrac{q-1}{2}p+\dfrac{p-1}{2}\right\}-\left\{q,\cdots,\dfrac{p-1}{2}q\right\},$$

故
$$\prod_{x\in S} x \equiv ((p-1)!)^{\frac{q-1}{2}} \left(\frac{p-1}{2}\right)! \Big/ q^{\frac{p-1}{2}} \left(\frac{p-1}{2}\right)!$$
$$\equiv (-1)^{\frac{q-1}{2}} \left(\frac{q}{p}\right) \bmod p.$$

这其中第二个同余用到了威尔逊定理 (习题 4.11): $(p-1)! \equiv -1 \bmod p$, 和欧拉判别法. 同理
$$\prod_{x\in S} x \equiv (-1)^{\frac{p-1}{2}} \left(\frac{p}{q}\right) \bmod q.$$

将上面两个单独的乘积写成数组乘积的形式, 即
$$\prod_{x\in S}(x,x) \equiv \left((-1)^{\frac{q-1}{2}}\left(\frac{q}{p}\right), (-1)^{\frac{p-1}{2}}\left(\frac{p}{q}\right)\right) \ (\bmod p, \bmod q). \tag{8.21}$$

另一方面, 由断言则有
$$\prod_{x\in S}(x,x) \equiv \pm \prod_{(a,b)\in T}(a,b)$$
$$\equiv \pm \left(((p-1)!)^{\frac{q-1}{2}}, \left(\left(\frac{q-1}{2}\right)!\right)^{p-1}\right) \ (\bmod p, \bmod q). \tag{8.22}$$

由于 $(p-1)! \equiv -1 \bmod p$, 于是 $((p-1)!)^{\frac{q-1}{2}} \equiv (-1)^{\frac{q-1}{2}} \bmod p$. 另一方面, 由于
$$-1 \equiv (q-1)!$$
$$\equiv 1 \cdot 2 \cdots \left(\frac{q-1}{2}\right) \cdot \left(-\frac{q-1}{2}\right) \cdots (-2) \cdot (-1)$$
$$\equiv \left(\left(\frac{q-1}{2}\right)!\right)^2 (-1)^{\frac{q-1}{2}} \quad \bmod q,$$

得 $\left(\left(\frac{q-1}{2}\right)!\right)^2 \equiv (-1)(-1)^{\frac{q-1}{2}} \bmod q$. 因此
$$\left(\left(\frac{q-1}{2}\right)!\right)^{p-1} \equiv (-1)^{\frac{p-1}{2}} (-1)^{\frac{p-1}{2}\frac{q-1}{2}} \bmod q.$$

则 (8.22) 可以写成
$$\prod_{x\in S}(x,x) \equiv \pm \left((-1)^{\frac{q-1}{2}}, (-1)^{\frac{p-1}{2}}(-1)^{\frac{p-1}{2}\frac{q-1}{2}}\right) \ (\bmod p, \bmod q). \tag{8.23}$$

由于 p 与 q 都是奇素数, 通过比较 (8.23) 和 (8.21), 我们有
$$\left(\frac{q}{p}\right) = 1, \qquad \left(\frac{p}{q}\right) = (-1)^{\frac{p-1}{2}\frac{q-1}{2}},$$

或者
$$\left(\frac{q}{p}\right) = -1, \qquad \left(\frac{p}{q}\right) = -(-1)^{\frac{p-1}{2}\frac{q-1}{2}}.$$

无论哪种情况都有
$$\left(\frac{q}{p}\right)\left(\frac{p}{q}\right) = (-1)^{\frac{p-1}{2}\frac{q-1}{2}}. \tag{8.24}$$

二次互反律得证. □

定理 8.21 中的二次互反律的形式是由勒让德提出来的, 在此之前, 欧拉有如下猜想:

猜想 8.24. 设 p,q 为奇素数, 则
$$\left(\frac{q}{p}\right) = 1 \iff 存在\ 0 < x < q,\ 使得\ p \equiv (-1)^{\frac{p-1}{2}} x^2 \bmod 4q.$$

我们有

命题 8.25. 欧拉猜想等价于二次互反律. 特别地, 欧拉猜想成立.

证明. 设 $p \equiv 1 \bmod 4$. 如二次互反律成立, 则
$$\left(\frac{q}{p}\right) = 1 \iff \left(\frac{p}{q}\right) = 1 \iff 存在\ 0 < x < q,\ p \equiv x^2 \bmod q.$$

由于上面的 x 可以用 $q-x$ 代替, 故可假设 x 为奇数, 因此 $p \equiv x^2 \bmod 4$ 总是成立. 所以欧拉猜想成立.

反过来, 如欧拉猜想成立. 由于 $p \equiv x^2 \bmod 4q$ 等价于 $\left(\frac{p}{q}\right) = 1$, 故二次互反律成立.

设 $p \equiv 3 \bmod 4$. 如二次互反律成立, 则
$$\left(\frac{q}{p}\right) = 1 \iff \left(\frac{p}{q}\right) = \left(\frac{-1}{q}\right) \iff \left(\frac{-p}{q}\right) = 1.$$

同前述讨论, 故有
$$\left(\frac{q}{p}\right) = 1 \iff 存在\ 0 < x < q,\ -p \equiv x^2 \bmod 4q,$$

所以欧拉猜想成立. 反过来, 如欧拉猜想成立. 由于 $p \equiv -x^2 \bmod 4q$ 等价于 $\left(\frac{p}{q}\right) = \left(\frac{-1}{q}\right)$, 故
$$\left(\frac{q}{p}\right) = 1 \iff \left(\frac{p}{q}\right) = \left(\frac{-1}{q}\right) \iff \left(\frac{-p}{q}\right) = 1,$$

即二次互反律成立. □

习 题

习题 8.1. 设 p 是奇素数. 证明: 模 p 的任意两个原根之积不是模 p 的原根.

习题 8.2. 设 p 是奇素数, 假设存在数 a, $p \nmid a$, 使得对 $p-1$ 的所有素因子 q, 有 $a^{(p-1)/q} \not\equiv 1 \mod p$, 则 a 是模 p 的原根. 反过来的命题显然也成立.

习题 8.3. 设 n, a 都是正整数且 $a > 1$, 试求 a 在群 $(\mathbb{Z}/(a^n - 1)\mathbb{Z})^\times$ 的阶, 并证明: $n \mid \varphi(a^n - 1)$.

习题 8.4. 设 m 是正整数, $a, b \in (\mathbb{Z}/m\mathbb{Z})^\times$ 的阶分别是 s 及 t, 且 $(s,t) = 1$. 证明: ab 的阶是 st.

习题 8.5. (1) 对 $p = 3, 5, 7, 11, 13, 17, 19, 23$, 求模 p 的最小正原根;

(2) 求模 7^2 及模 5^{10} 的一个原根.

习题 8.6. 设 p 与 $q = 2p + 1$ 都是素数. 证明

(1) 当 $p \equiv 1 \mod 4$ 时, 2 是模 q 的原根;

(2) 当 $p \equiv 3 \mod 4$ 时, -2 是模 q 的原根.

习题 8.7. 设 p 是素数, $p \equiv 1 \mod 4$. 证明

(1) $\sum\limits_{\substack{r=1, \\ \left(\frac{r}{p}\right)=1}}^{p-1} r = \dfrac{p(p-1)}{4}$;

(2) $\sum\limits_{a=1}^{p-1} a \left(\dfrac{a}{p}\right) = 0$;

(3) $\sum\limits_{k=1}^{\frac{p-1}{2}} \left[\dfrac{k^2}{p}\right] = \dfrac{(p-1)(p-5)}{24}$.

习题 8.8. 设 p 是素数, $p \equiv 3 \mod 4$, 且 $p > 3$. 证明

(1) $\sum\limits_{\substack{r=1, \\ \left(\frac{r}{p}\right)=1}}^{p-1} r \equiv 0 \mod p$;

(2) $\sum\limits_{a=1}^{p-1} a \left(\dfrac{a}{p}\right) \equiv 0 \mod p$.

习题 8.9. 设 p 是奇素数, a 是整数.

(1) 证明: 同余方程 $x^2 - y^2 \equiv a \mod p$ 必有解;

(2) 若 (x, y) 和 (x', y') 均是上述同余方程的解, 当 $x \equiv x'$ 且 $y \equiv y' \mod p$ 时, 我们将 (x, y) 和 (x', y') 看成是模 p 的同一个解. 证明: (1) 中同余方程的解数是 $p - 1$(如果 $p \nmid a$) 或 $2p - 1$(如果 $p \mid a$).

习题 8.10. 设 p 是奇素数, $f(x) = ax^2 + bx + c$ 且 $p \nmid a$. 记
$$D = b^2 - 4ac.$$

证明
$$\sum_{x=0}^{p-1} \left(\frac{f(x)}{p} \right) = \begin{cases} -\left(\dfrac{a}{p} \right), & \text{如果 } p \nmid D, \\ (p-1)\left(\dfrac{a}{p} \right), & \text{如果 } p \mid D. \end{cases}$$

习题 8.11. 设 a 是奇数, 则

(1) $x^2 \equiv a \mod 2$ 对所有 a 有解;

(2) $x^2 \equiv a \mod 4$ 有解的充要条件是 $a \equiv 1 \mod 4$, 并且在此条件满足时, 恰有两个不同的解;

(3) 同余方程 $x^2 \equiv a \mod 2^k (k \geqslant 3)$ 有解的充要条件是 $a \equiv 1 \mod 8$, 并且在此条件成立时恰有四个解: 如果 x_0 是一个解, 则 $\pm x_0, \pm x_0 + 2^{k-1}$ 是所有解.

习题 8.12. 计算 $\left(\dfrac{17}{23} \right), \left(\dfrac{19}{37} \right), \left(\dfrac{60}{79} \right), \left(\dfrac{92}{101} \right).$

习题 8.13. (1) 确定以 -3 为二次剩余的素数;

(2) 确定以 5 为二次剩余的素数.

习题 8.14. 试求所有素数 p, 使得 $x^2 - 15$ 在 $\mathbb{F}_p[x]$ 中可约.

习题 8.15. 设 $p = 4k+1$ 是素数, a 是 k 的因子. 证明: $\left(\dfrac{a}{p} \right) = 1.$

习题 8.16. 设 $n > 1, p = 2^n + 1$ 是素数. 证明: 模 p 的原根之集与模 p 的二次非剩余之集相同; 进而证明 $3, 7$ 都是模 p 的原根.

习题 8.17. 设 p 是奇素数, 证明: $\mathbb{F}_p[x]$ 中形如 $x^2 + \alpha x + \beta$ 的二次多项式中, 共有 $\dfrac{p(p-1)}{2}$ 个不可约多项式.

第九章 多项式 (II)

在第五章，我们讨论了域上的多项式．在本章，我们进一步讨论多项式的知识．首先，我们将讨论整数环 $\mathbb{Z}$ 上的多项式的性质．在以后的近世 (抽象) 代数学习中，这些性质将被推广到一般整环的多项式环上．其次，我们要学习对称多项式的理论，这将在线性代数学习中得到应用．

9.1 整系数多项式环 $\mathbb{Z}[x]$

我们首先来看一下有理数域上多项式与整数环上多项式的不同．

- 令 $f(x) = 2x + 1$, $g(x) = 4x + 2$，我们有
$$g(x) = 2f(x), \quad f(x) = \frac{1}{2}g(x).$$
在 $\mathbb{Q}[x]$ 中，$f(x)$ 与 $g(x)$ 互为因子，但在 $\mathbb{Z}[x]$ 中，$f(x)$ 是 $g(x)$ 的因子但 $g(x)$ 不是 $f(x)$ 的因子．

- 带余除法．令 $f(x) = x^2$, $g(x) = 2x + 1$，则
$$x^2 = (\frac{1}{2}x - \frac{1}{4})(2x+1) + \frac{1}{4}.$$
这是 $\mathbb{Q}[x]$ 中的带余除法，其中 $q(x) = \frac{1}{2}x - \frac{1}{4}$, $r(x) = \frac{1}{4}$. 但在 $\mathbb{Z}[x]$ 中不可能存在 $q(x), r(x) \in \mathbb{Z}[x]$，使得
$$x^2 = q(x)(2x+1) + r(x), \deg r < 1.$$
事实上，如 $q(x) \in \mathbb{Z}[x]$，$q(x)(2x+1)$ 的首项系数是偶数，故 $x^2 - q(x)(2x+1)$ 的次数一定大于或等于 2.

- $\mathbb{Q}[x]$ 中任何理想都是由一个元素生成的，但在 $\mathbb{Z}[x]$ 中这是不对的. 例如 $\mathbb{Z}[x]$ 中由 2 和 x 生成的理想，如果它是由 $a(x)$ 生成，则

$$2 = a(x)b(x), \quad x = a(x)c(x),$$

其中 $b(x), c(x) \in \mathbb{Z}[x]$. 由前一个等式知, $\deg a = \deg b = 0$, 故 $a = \pm 2$ 或 ± 1. 再由第二个等式，通过比较首项系数知 $a = \pm 1$, 故 $\langle 1 \rangle = \langle 2, x \rangle$, 从而 $1 = 2u(x) + xv(x)$, 其中 $u(x), v(x) \in \mathbb{Z}[x]$. 考虑两边的常数项，则 $1 = $ 偶数, 矛盾!

正是由于有这些不同，我们需要进一步考虑 $\mathbb{Z}[x]$ 上的多项式.

定理 9.1 (带余除法). 如果 $g(x) \in \mathbb{Z}[x]$ 为首一多项式，则对于任何 $f(x) \in \mathbb{Z}[x]$, 存在唯一的 $q(x)$ 与 $r(x) \in \mathbb{Z}[x]$, 使得

$$f(x) = q(x)g(x) + r(x), \ \deg r < \deg g. \tag{9.1}$$

证明. 唯一性的证明与域上的多项式的情形一样. 对于存在性，检查域上情形的证明. 如果 $\deg r \geqslant \deg g$, 令

$$I = \{f(x) - a(x)g(x) \mid a(x) \in \mathbb{Z}[x]\}.$$

设 $r(x) \in I$ 且次数最低. 如果 $\deg r \geqslant \deg g$, 在域的多项式证明中，令

$$r_1(x) = r(x) - \frac{r(x) \text{ 首项系数}}{g(x) \text{ 首项系数}} \cdot g(x) \cdot x^{\deg r - \deg g}. \tag{9.2}$$

在域的情形则有 $\deg r_1 < \deg r$, 且 $r_1(x) \in I$. 在目前情形，由于 $g(x)$ 的首项系数为 1, (9.2) 仍可操作，故仍有 $r_1(x) \in I$. □

在第五章中，我们知道能否判断多项式可约是十分重要的. 如果 $p(x) \in F[x]$ 不可约，则 $F[x]/p(x)$ 为域. 这是最常见的域的构造方法. 在本章中，对于整系数多项式 $f(x)$, 我们当然可以将它看作有理系数多项式来讨论其可约性. 但由于同时它也是整数多项式环 $\mathbb{Z}[x]$ 上的多项式，而我们已经观察到 $\mathbb{Z}[x]$ 与 $F[x]$ 有很大的不同，因此，我们需要给出 $\mathbb{Z}[x]$ 上不可约多项式的定义.

定义 9.2. 一个多项式 $f(x) \in \mathbb{Z}[x]$ 称为在 $\mathbb{Z}$ 上**不可约** (或者说 $f(x)$ 在 $\mathbb{Z}[x]$ 中不可约), 是指如存在 $g(x), h(x) \in \mathbb{Z}[x]$ 使得 $f(x) = g(x)h(x)$, 则 $g(x)$ 与 $h(x)$ 两者必有一个等于 ± 1.

注记. 容易验证环 $\mathbb{Z}[x]$ 的单位群是 $\{1, -1\}$. 上述定义稍作推广即得到一般**环上不可约元** 的概念: 环 R 中元素 a 称为不可约元是指如存在 $b, c \in R$ 使得 $a = bc$, 则 b 或者 c 必有一个是 R 上的单位.

设 $f(x) \in \mathbb{Z}[x]$. 如 $f(x)$ 在 $\mathbb{Q}[x]$ 中不可约, 自然有 $f(x)$ 在 $\mathbb{Z}[x]$ 中不可约或者 $f(x)$ 各系数的最大公因子大于 1. 那么反过来情况怎样呢? 本节将回答这个问题.

定理 9.3 (高斯引理). 如果 $f(x) \in \mathbb{Z}[x]$ 且 $f(x)$ 在 $\mathbb{Q}[x]$ 中可约, 则 $f(x)$ 在 $\mathbb{Z}[x]$ 中可约. 更进一步, 如果

$$f(x) = g(x)h(x) \ (0 < \deg g < \deg f, \ g(x), \ h(x) \in \mathbb{Q}[x]),$$

则

$$f(x) = g_1(x)h_1(x) \ (g_1, h_1 \in \mathbb{Z}[x], \ \deg g_1 = \deg g).$$

我们需要几个引理:

引理 9.4. 设 $f(x) = \sum_{i=0}^{n} a_i x^i \in \mathbb{Z}[x]$, p 为素数,

$$\bar{f}(x) := \sum_{i=0}^{n} [a_i] x^i \in \mathbb{F}_p[x],$$

即将 $f(x)$ 的每项系数 $a_i \in \mathbb{Z}$ 视为 $\mathbb{F}_p$ 中元素 $[a_i]$, 则

$$\varphi : \mathbb{Z}[x] \to \mathbb{F}_p[x], \ f \mapsto \bar{f}$$

为环同态. 特别地, 如果 $\bar{f}(x)$ 不可约, 且 $p \nmid a_n$, 则 $f(x)$ 不能表示成两个次数至少为 1 的整系数多项式的乘积.

证明. 验算即得. 注意到 $p \nmid a_n$ 当且仅当 $\deg \bar{f}(x) = \deg f(x)$. □

引理 9.5. 设 $f(x) = \sum_{i=0}^{n} a_i x^i \in \mathbb{Z}[x]$, $g(x) = \sum_{j=0}^{m} b_j x^j \in \mathbb{Z}[x]$,

$$f(x) \cdot g(x) = \sum_{k=0}^{n+m} c_k x^k.$$

若 $\{a_i\}_{i=0}^{n}$ 没有公共素因子, $\{b_j\}_{j=0}^{m}$ 没有公共素因子, 则 $\{c_k\}_{k=0}^{m+n}$ 也没有公共素因子.

证明. 用反证法. 如果 $p \mid c_k$, 对 $k = 0, \cdots, n+m$ 成立, 则 $\bar{f}(x) \cdot \bar{g}(x) = 0 \in \mathbb{F}_p[x]$. 由 $\mathbb{F}_p[x]$ 是整环知 $\bar{f}(x) = 0$ 或 $\bar{g}(x) = 0$, 但由已知条件这不可能. □

定义 9.6. 如果整系数多项式系数间没有公共素因子, 称此多项式为**本原多项式** (primitive polynomial).

由引理 9.5, 本原多项式的乘积还是本原多项式.

引理 9.7. 任何非零多项式 $a(x) \in \mathbb{Q}[x]$ 均可以唯一地写成

$$a(x) = c a_1(x) \tag{9.3}$$

的形式, 其中 $c \in \mathbb{Q}$, $a_1(x) \in \mathbb{Z}[x]$ 为本原多项式且首项系数为正.

注记. 上式中的 c 称为 $a(x)$ 的**容度** (content).

证明. 取正整数 N, 使得 $(\pm N)a(x) = \sum_{i=0}^{n} \alpha_i x^i \in \mathbb{Z}[x]$. 令 α 是所有 α_i 的最大公因子, 则

$$a(x) = \frac{\alpha}{\pm N} a_1(x) = c a_1(x), \tag{9.4}$$

其中 $a_1(x) \in \mathbb{Z}[x]$, 且 $a_1(x)$ 的系数无公共素因子. 我们取 N 或 $-N$ 使得 $a_1(x)$ 首项系数为正, 故 $a(x)$ 有 (9.3) 的形式.

另一方面, 如果

$$a(x) = c_1 a_1(x) = c_2 a_2(x), \quad c_1, c_2 \in \mathbb{Q},$$

我们可以通分后假设 $c_1, c_2 \in \mathbb{Z}$ 互素. 由于 $a_1(x)$ 与 $a_2(x)$ 均是本原多项式, 故 c_1 与 c_2 均为 ± 1. 又由于 $a_1(x)$ 与 $a_2(x)$ 首项系数都为正, 故 c_1, c_2 同正负, 从而 $c_1 = c_2$ 且 $a_1(x) = a_2(x)$. □

高斯引理的证明. 设 $f(x) = g(x)h(x) \in \mathbb{Q}[x]$. 将它们都写为 (9.3) 的形式

$$f(x) = c(f) f_1(x), \quad g(x) = c(g) g_1(x), \quad h(x) = c(h) h_1(x),$$

则

$$f(x) = c(f) f_1(x) = c(g) c(h) g_1(x) h_1(x).$$

由于 $g_1(x) h_1(x)$ 为本原多项式, 且首项为正, 故等于 $f_1(x)$, 所以

$$f(x) = g_1(x) \cdot (c(f) h_1(x)).$$

由于 $g_1(x), h_1(x) \in \mathbb{Z}[x]$ 而 $c(f) \in \mathbb{Z}$ 是 $f(x)$ 各项系数的最大公因子, 故高斯引理得证. □

由高斯引理的证明可以看出, 如果 $g(x)$ 是整系数多项式 $f(x)$ 在 $\mathbb{Q}[x]$ 中的因子, 则它对应的本原多项式 $g_1(x)$ 是 $f(x)$ 在 $\mathbb{Z}[x]$ 中的因子. 由此我们给出高斯引理的一个应用.

命题 9.8. 设 $f(x) = a_n x^n + \cdots + a_0 \in \mathbb{Z}[x]$ 为 n 次多项式 ($n \geqslant 1$). 如果 $\alpha = p/q$ (p, q 互素) 是 $f(x)$ 的一个有理根, 则 $p \mid a_0$ 且 $q \mid a_n$.

证明. 如果 $\alpha = p/q$ (p, q 互素) 是 $f(x)$ 的一个有理根, 则 $qx - p$ 为本原多项式且在 $\mathbb{Z}[x]$ 中, $(qx - p) \mid f(x)$. 令其商 $g(x) = b_{n-1} x^{n-1} + \cdots + b_0$. 比较 $f(x) = (qx - p) g(x)$ 的首项和常数项系数, 即有 $a_n = b_{n-1} q$, $a_0 = -p b_0$. 故命题得证. □

例 9.9. 设 $f(x) = 3x^3 + x + 7$. 如果 $f(x)$ 有有理根 p/q, 由上述命题知 $p/q = \pm 1, \pm 1/3, \pm 7$ 或 $\pm 7/3$. 检查这 8 种情况知它们都不是 $f(x)$ 的根. 故 $f(x)$

没有有理根. 又由于 $\deg f = 3$, $f(x)$ 在 $\mathbb{Q}$ 上 (从而在 $\mathbb{Z}$ 上) 不可约 (参见命题 5.30).

高斯引理说明本原整系数多项式的不可约性在 $\mathbb{Z}[x]$ 中与 $\mathbb{Q}[x]$ 中是一样的, 那么是否有办法来判断呢? 引理 9.4 告诉我们:

定理 9.10 (艾森斯坦 (Eisenstein) 判别法). 如果 $f(x) = a_n x^n + a_{n-1} x^{n-1} + \cdots + a_0 \in \mathbb{Z}[x]$, p 为素数且 $p \nmid a_n$, $p \mid a_i$ ($0 \leqslant i \leqslant n-1$), $p^2 \nmid a_0$, 则 $f(x)$ 在 $\mathbb{Q}[x]$ 中不可约.

证明. 如果 $f(x)$ 可约, 则 $f(x) = g(x)h(x)$, $g(x), h(x) \in \mathbb{Z}[x]$ 且 $0 < \deg g < n$, 故
$$\bar{f}(x) = \bar{a}_n x^n = \bar{g}(x)\bar{h}(x) \in \mathbb{F}_p[x],$$
所以 $\bar{g}(x) = \bar{b} x^m$, $\bar{h}(x) = \bar{c} x^{n-m}$, 即 $p \mid b_0$, $p \mid c_0$, 故 $p^2 \mid b_0 c_0 = a_0$. □

例 9.11. 多项式 $f(x) = x^4 + 2x + 6$ 在 $\mathbb{Q}[x]$ 中不可约.

例 9.12. 令 p 次**分圆多项式**为
$$\Phi_p(x) = 1 + x + \cdots + x^{p-1} = \frac{x^p - 1}{x - 1} = \prod_{n=1}^{p-1}(x - \zeta_p^n),$$
其中 $\zeta_p = e^{2\pi i/p}$. 则
$$\Phi_p(x+1) = \frac{(x+1)^p - 1}{x} = x^{p-1} + \sum_{k=1}^{p-1} \binom{p}{k} x^{k-1}.$$

由于 $p \mid \binom{p}{k}$, $p^2 \nmid p$, 故 $\Phi_p(x+1)$ 不可约, 因此 $\Phi_p(x)$ 也不可约.

9.2 多元多项式

关于多元多项式环的理论, 在今后的代数和代数几何学习中会经常遇到. 作为代数学基础知识, 在这里, 我们仅考虑一类特殊的多项式: 对称多项式.

回忆我们在第七章中定义奇置换与偶置换时, 对于 $\sigma \in S_n$, $f(x_1, \cdots, x_n) \in R[x_1, \cdots, x_n]$, 我们令
$$\sigma(f)(x_1, \cdots, x_n) = f(x_{\sigma(1)}, \cdots, x_{\sigma(n)}).$$
比如说, $\sigma = (123)$, $f(x_1, x_2, x_3) = x_3^2 - x_2$, 则
$$\sigma(f)(x_1, x_2, x_3) = x_{\sigma(3)}^2 - x_{\sigma(2)} = x_1^2 - x_3.$$

定义 9.13. n 元多项式 $f(x_1,\cdots,x_n)$ 称为**对称多项式**是指其对所有 $\sigma\in S_n$, 皆有
$$f(x_{\sigma(1)},\cdots,x_{\sigma(n)})=f(x_1,\cdots,x_n), \tag{9.5}$$
即 $\sigma(f)=f$ 对所有 $\sigma\in S_n$ 成立.

例 9.14. 对于 $k\in\mathbb{N}$, $p_k(x_1,\cdots,x_n)=x_1^k+\cdots+x_n^k$ 是对称多项式.

例 9.15. 设 $F(x)=(x-x_1)(x-x_2)\cdots(x-x_n)=x^n-s_1x^{n-1}+s_2x^{n-2}+\cdots+(-1)^n s_n$. 根据韦达定理,
$$s_1=x_1+x_2+\cdots+x_n, \tag{9.6}$$
$$s_2=\sum_{1\leqslant i<j\leqslant n}x_ix_j, \tag{9.7}$$
$$\cdots\cdots\cdots\cdots$$
$$s_k=\sum_{1\leqslant i_1<i_2<\cdots<i_k\leqslant n}x_{i_1}x_{i_2}\cdots x_{i_k}, \tag{9.8}$$
$$\cdots\cdots\cdots\cdots$$
$$s_n=x_1\cdots x_n. \tag{9.9}$$

这些 $s_1,\cdots,s_n$ 为 $x_1,\cdots,x_n$ 的对称多项式, 称**为初等对称多项式**.

定理 9.16. 设 R 是交换环, 则 R 上的 n 元对称多项式均是初等对称多项式的多项式, 即对于任意 n 元对称多项式 $f(x_1,\cdots,x_n)$, 存在 n 元多项式 g, 使得
$$f(x_1,\cdots,x_n)=g(s_1,\cdots,s_n). \tag{9.10}$$

例 9.17. 对于 $n=3$,
$$p_2(x_1,x_2,x_3)=x_1^2+x_2^2+x_3^2$$
$$=(x_1+x_2+x_3)^2-2(x_1x_2+x_2x_3+x_3x_1)$$
$$=s_1^2-2s_2.$$

定理 9.16 的证明. 对于单项式 $x_1^{i_1}\cdots x_n^{i_n}$, 我们定义它的权重为
$$i_1+2i_2+\cdots+ni_n.$$
对于多项式, 则定义它的权重为其中单项式的最大权重. 我们断言: 如果多项式 $f(x_1,x_2,\cdots,x_n)$ 为次数为 d 的对称多项式, 则存在权重 $\leqslant d$ 的多项式 $g(x_1,\cdots,x_n)$ 使得
$$f(x_1,\cdots,x_n)=g(s_1,\cdots,s_n).$$

断言的证明依赖于对 n 和 d 的双重归纳. 我们首先对 n 作归纳. 当 $n=1$ 时断言显然成立, 此时 $s_1 = x_1$.

假设断言对 $n-1$ 元多项式成立. 在接下来的讨论中, 为了叙述的方便, 对于 $i = 1, \cdots, n-1$, 我们令 $(s_i)_0(x_1, \cdots, x_{n-1}) = s_i(x_1, \cdots, x_{n-1}, 0)$. 显然, $(s_1)_0, \cdots, (s_{n-1})_0$ 是关于 $x_1, \cdots, x_{n-1}$ 的 $n-1$ 元初等对称多项式.

接下来, 我们要证明断言对 n 元多项式均成立. 现在对次数 d 作归纳. $d=0$ 的情况是平凡情况. 设 $d > 0$ 且断言对次数 $< d$ 的 n 元对称多项式成立. 设对称多项式 $f(x_1, \cdots, x_n)$ 的次数为 d. 由关于 n 的归纳假设, 存在 $g_1(x_1, \cdots, x_{n-1})$, 权重 $\leqslant d$, 且

$$f(x_1, \cdots, x_{n-1}, 0) = g_1((s_1)_0, \cdots, (s_{n-1})_0).$$

由于 $g_1(x_1, \cdots, x_{n-1})$ 的权重 $\leqslant d$, 故

$$f_1(x_1, \cdots, x_n) = f(x_1, \cdots, x_n) - g_1(s_1, \cdots, s_{n-1})$$

的次数 $\leqslant d$ (此处次数是相对于 $(x_1, \cdots, x_n)$ 而言) 且为对称多项式. 由于 $f_1(x_1, \cdots, x_{n-1}, 0) = 0$, 故 f_1 被 x_n 整除. 又由于 f_1 对称, 故它包含因子 $s_n = x_1 \cdots x_n$, 所以

$$f_1 = s_n f_2(x_1, x_2, \cdots, x_n)$$

对某个 f_2 成立. 显然 f_2 是对称的, 且其次数 $\leqslant d - n < d$. 由归纳假设, 存在 g_2, 权重 $\leqslant d - n$, 且

$$f_2(x_1, \cdots, x_n) = g_2(s_1, \cdots, s_n),$$

故

$$f(x_1, \cdots, x_n) = g_1(s_1, \cdots, s_{n-1}) + s_n g_2(s_1, \cdots, s_n),$$

其中每一项的权重 $\leqslant d$, 定理证毕. □

注记. 由定理的证明可知, 如果 f 为 d 次齐次对称多项式, 即 f 的每个单项式次数都为 d, 则定理所得的多项式 g 的每一单项式的权重均为 d.

定理 9.18. 如果 $f(x_1, \cdots, x_n) \in R[x]$ 且 $f(s_1, \cdots, s_n) = 0$, 则 $f = 0$.

注记. 上述定理说明初等对称多项式是**代数独立** (algebraically independent) 的, 也说明在定理 9.16 中所求得的多项式 g 是**唯一**的.

证明. 我们用反证法. 若不然, 取所有满足 $f(s_1, \cdots, s_n) = 0$ 的非零多项式中元 n 最小且对于此 n 次数最小的多项式 f, 记

$$f(x_1, \cdots, x_n) = f_0(x_1, \cdots, x_{n-1}) + \cdots + f_d(x_1, \cdots, x_{n-1}) x_n^d. \tag{9.11}$$

我们断言 $f_0 \neq 0$. 事实上, 如果 $f_0 = 0$, 则 $f(x_1, \cdots, x_n) = x_n \psi(x_1, \cdots, x_n)$, 故 $s_n \psi(s_1, \cdots, s_n) = 0$, 所以 $\psi(s_1, \cdots, s_n) = 0$, 而 ψ 的次数小于 f 的次数, 与 f 的最小性矛盾.

在 (9.11) 中令 $x_i = s_i$, 则
$$0 = f_0(s_1, \cdots, s_{n-1}) + \cdots + f_d(s_1, \cdots, s_{n-1}) s_n^d.$$

这是 $R[x_1, \cdots, x_n]$ 中的一个等式. 令 $x_n = 0$, 并沿用定理 9.16 的证明中的记号, 则
$$0 = f_0((s_1)_0, \cdots, (s_{n-1})_0),$$

这与 n 的最小性矛盾. □

我们最后以多项式的判别式作为对称多项式的例子来结束.

定义 9.19. 对于多项式 $f(x) = (x - x_1) \cdots (x - x_n)$, 称
$$D_f = D(x_1, \cdots, x_n) = \prod_{i<j}(x_i - x_j)^2 \tag{9.12}$$

为 f 的**判别式**.

很明显, 上面定义中的 D_f 是关于 $x_1, x_2, \cdots, x_n$ 的 $n(n-1)$ 次齐次对称多项式. 对于简单情形, 我们有

命题 9.20. (1) 若 $f(x) = x^2 + bx + c$,
$$D_f = (x_1 - x_2)^2 = b^2 - 4c. \tag{9.13}$$

(2) 若 $f(x) = x^3 + ax + b$,
$$D_f = (x_1 - x_2)^2 (x_2 - x_3)^2 (x_1 - x_3)^2 = -4a^3 - 27b^2. \tag{9.14}$$

证明. (1) 我们有 $D_f = (x_1 + x_2)^2 - 4x_1 x_2 = b^2 - 4c$.

(2) 此时 D_f 是 x_1, x_2, x_3 的 6 次齐次多项式, 而权为 6 的单项式共 7 种: x_1^6, $x_1^4 x_2$, $x_1^3 x_3$, $x_1^2 x_2^2$, $x_1 x_2 x_3$, x_2^3 和 x_3^2. 故由定理 9.16 后面的注记有
$$D_f = c_1 s_1^6 + c_2 s_1^4 s_2 + c_3 s_1^3 s_3 + c_4 s_1^2 s_2^2 + c_5 s_1 s_2 s_3 + c_6 s_2^3 + c_7 s_3^2.$$

又由于 $s_1 = x_1 + x_2 + x_3 = 0$, $s_2 = a$, $s_3 = -b$, 我们可以假设 $D_f = c_6 a^3 + c_7 b^2$. 取 $x_1 = 1, x_2 = -1$, 故 $x_3 = 0, a = -1, b = 0$ 及 $D = 4$, 故 $c_6 = -4$. 取 $x_1 = x_2 = 1$ 及 $x_3 = -2$, 则可解得 $c_7 = -27$. 故
$$D_f = (x_1 - x_2)^2 (x_2 - x_3)^2 (x_1 - x_3)^2 = -4a^3 - 27b^2.$$

命题证毕. □

习 题

习题 9.1. 设 $f(x) \in \mathbb{Z}[x]$, 且 $f(0) \equiv f(1) \equiv 1 \mod 2$. 证明: $f(x)$ 没有整数根.

习题 9.2. 对于 $n \in \mathbb{Z}$, 证明 $x^n + x^{-n}$ 是关于 $x + x^{-1}$ 的整系数多项式.

习题 9.3. 对 $f(x) \in \mathbb{Z}[x]$ 且 $f(x) \neq 0$, 用 $c(f)$ 表示 $f(x)$ 的容度.

(1) 对任意 $a \in \mathbb{Z}, a \neq 0$, 证明: $|c(af)| = |a \cdot c(f)|$;

(2) 证明: $|c(fg)| = |c(f) \cdot c(g)|$.

习题 9.4. 设 $f(x)$ 是本原多项式, $g(x) \in \mathbb{Q}[x]$, 且 $f(x)g(x) \in \mathbb{Z}[x]$, 则 $g(x) \in \mathbb{Z}[x]$.

习题 9.5. 多项式 $3x^3 + 2x^2 - 1$ 的根在 $\mathbb{C}$ 上有三个不同的根, 设为 r_1, r_2 与 r_3. 求多项式 $f(x) \in \mathbb{Q}[x]$, 使得它的根为 r_1^2, r_2^2 与 r_3^2.

习题 9.6. 设 $F = x_1^2(x_2 + x_3) + x_2^2(x_1 + x_3) + x_3^2(x_1 + x_2)$, $f(x) = x^3 - x^2 - 4x + 1$. 试求 F 在 $f(x)$ 的根处的值.

习题 9.7. 设 $p(x) \in \mathbb{Z}[x]$ 是本原的不可约多项式, 证明: 对 $f(x), g(x) \in \mathbb{Z}[x]$, 若 $p(x) \mid f(x)g(x)$, 则 $p(x) \mid f(x)$ 或 $p(x) \mid g(x)$.

习题 9.8. 证明下面的多项式在 $\mathbb{Q}[x]$ 中不可约:

(1) $x^4 + 3x + 5$;

(2) $x^5 + 4x^4 + 2x^3 + 6x^2 - x + 5$.

习题 9.9. 设 $n > 1$ 是正整数. 证明: 如果 $x^{n-1} + \cdots + x + 1$ 在 $\mathbb{Q}[x]$ 中不可约, 则 n 是素数.

习题 9.10. 设 $a_1, \cdots, a_n$ 是互不相同的整数, 证明: $(x - a_1) \cdots (x - a_n) - 1$ 在 $\mathbb{Q}[x]$ 中不可约.

习题 9.11. 将下列对称多项式写为初等对称多项式的多项式:

(1) $x_1^2 x_2 + x_2^2 x_1 + x_1^2 x_3 + x_3^2 x_1 + x_2^2 x_3 + x_3^2 x_2$;

(2) $x_1(x_2^3 + x_3^3) + x_2(x_1^3 + x_3^3) + x_3(x_1^3 + x_2^3)$.

习题 9.12. 设 x_1, x_2, x_3 是整系数三次方程 $x^3 + ax^2 + bx + c = 0$ 的根. 记 $a_n = x_1^n + x_2^n + x_3^n$. 证明对 $n \in \mathbb{N}$, a_n 是整数.

习题 9.13. 试求 $s_i(1, \zeta_n, \cdots, \zeta_n^{n-1})$, 其中 s_i 为关于 $x_1, \cdots, x_n$ 的 i 次初等对称多项式, 而 ζ_n 为 n 次单位原根.

参考文献

[1] 冯克勤, 余红兵. 整数与多项式. 北京: 高等教育出版社, 施普林格出版社, 1999.

[2] 冯克勤, 李尚志, 查建国, 章璞. 近世代数引论. 合肥: 中国科学技术大学出版社, 2002.

[3] 华罗庚. 数论导引. 北京: 科学出版社, 1979.

[4] 潘承洞. 数论基础. 现代数学基础, 第 34 卷. 北京: 高等教育出版社, 2012.

[5] Martin Aigner, Gunter M. Ziegler. Proofs from THE BOOK, 4th edition. Springer-Verlag, 2010. (中译本: 冯荣权, 宋春伟, 宗传明译. 数学天书中的证明. 4 版. 北京: 高等教育出版社, 2011.)

[6] Michael Artin. Algebra, 2nd edition. Addison Wesley, 2010. (中译本: 郭晋云译. 代数. 北京: 机械工业出版社, 2009.)

[7] David S. Dummit, Richard M. Foote. Abstract Algebra, 3rd edition. John Wiley & Sons, 2003.

[8] Alexei I. Kostrikin. Exercises in Algebra: A Collection of Exercises in Algebra, Linear Algebra and Geometry, 2nd revised Edition. Algebra, Logic and Applications Series, Vol. 6. Gordon and Breach Publishers, 1996.

[9] Serge Lang, Algebra, revised 3rd edition. Graduate Texts in Mathematics, Vol 211. Springer-Verlag, 2002.

[10] Ron Rivest, Adi Shamir, Leonard Adleman. A Method for Obtaining Digital Signatures and Public-Key Cryptosystems. Communications of the ACM 21 (2): 120-126, (1978).

[11] Jean-Pierre Serre. A Course in Arithmetic. Graduate Texts in Mathematics, Vol 7. Springer-Verlag, 1973. (中译本: 冯克勤译. 数论教程. 北京: 高等教育出版社, 2007.)

[12] Joseph H. Silverman. A Friendly Introduction to Number Theory. Pearson Education, 2012. (中译本: 孙智伟, 吴克俭, 卢青林, 曹慧琴译. 数论概论. 3 版. 北京: 机械工业出版社, 2008.)

索引

A_n, 94
C_n^k, 10
S_n, 88
$[x]$, 9
$\binom{n}{k}$, 10
$\prod$, 8
$\sum$, 8

GIMPS 计划, 49

RSA 算法, 64

阿贝尔变换, 11
艾森斯坦判别法, 117

半群, 20
  含幺半群, 20
保距映射, 36
贝祖等式, 40
  多项式, 68
倍数, 39
  多项式, 67
本原多项式, 115
不可约多项式, 70
  整系数, 114
不可约元, 114
部分分式, 78

常数项, 29
初等对称多项式, 118

纯虚数, 13
次数, 30
带余除法, 40
代数独立, 119
代数学基本定理, 76

单群, 95
单位, 26
单位根, 15
  本原, 15
单位群, 26
单项式, 30
等价关系, 6
  映射决定的等价关系, 7
等价类, 7
笛卡儿积
  环, 29
  群, 24

对称多项式, 118
  初等, 118
对称群, 88
对换, 89
多项式, 29
  不可约, 70
  常多项式, 29

次数, 29
赋值映射, 35
根, 71
可约, 70
零点, 71
零多项式, 29
首项系数, 29
首一, 29
相等, 29
二次非剩余, 102
二次互反律, 104
　　欧拉猜想, 110
二次剩余, 102
二元运算, 5

方阵, 22
费马数, 48
费马素数, 48
费马素性判定法, 63
费马伪素数, 63
费马小定理, 59
分部求和, 11
分拆, 6
　　映射决定的分拆, 7
　　正整数, 91
分拆函数, 91
分配律, 25
分圆多项式, 79, 117

复合律, 5
复合映射, 5
复平面, 13
　　实轴, 13
　　虚轴, 13
复数, 12
　　乘法, 12
　　除法, 13
　　辐角, 14

辐角主值, 14
共轭, 13
加法, 12
模, 14
刚体运动群, 21
高斯函数, 9
高斯数域, 26
高斯引理
　　多项式, 115
　　二次剩余, 103
高斯整数环, 26
根, 71

公钥, 64
共轭复数, 13
共轭元, 33

函数, 5
合数, 44

互素, 40
　　多项式, 68

环
　　单位, 26
　　单位群, 26
　　含幺环, 25
　　交换环, 25
环同构, 34
环同态, 34
　　单, 34
　　核, 36
　　满, 34
　　像, 36
换位子, 36
积性函数, 47

集合, 1
　　不交并, 3
　　集合的并, 2

集合的补集, 3
集合的笛卡儿积, 4
集合的交, 2
阶, 2
空集, 2
无限集, 2
相等, 2
有限集, 2
真子集, 2
子集, 1

交错群, 94
交错数, 93
交换律, 6
阶, 80
    无限阶, 80
结合律, 5, 6

矩阵, 22
    乘法, 22
    加法, 22
    数乘, 23
    行列式, 32

卡迈克尔数, 63

拉格朗日定理
    多项式, 71
    群论, 84
勒让德符号, 102
离散对数, 82
理想, 35
    主, 35

零点, 71
    单, 73
    多重, 73
零环, 25

轮换, 89
    不相交, 89
    相交, 89
棣莫弗公式, 15

梅森数, 49
梅森素数, 49
梅森素数互联网大搜索计划, 49

模 m 的缩剩余系, 55
模 m 的缩系, 55
模 m 的完全剩余系, 55
模 m 的完系, 55
模 m 求逆, 61
模 m 求幂, 62
模 m 同余, 51
模算术, 61
默比乌斯反演公式, 50
默比乌斯函数, 49

牛顿二项式定理, 10, 27
欧几里得定理, 44
欧几里得算法
    多项式, 69
    整数, 42
欧几里得引理, 44
    多项式, 70
欧拉猜想, 110
欧拉定理, 59
欧拉函数, 54
欧拉判别法, 103
偶置换, 93
排列, 88
判别式, 120
陪集代表元系
    右, 83
    左, 83

平凡因子, 67
奇置换, 93
齐次多项式, 30

嵌入, 34
求和符号, 8
求积符号, 8

群, 19
    阿贝尔群, 20
    单群, 95
    单位元, 20
    对称群, 21
    二面体群, 24
    交换群, 20
    阶, 20
    逆元, 20
    群的乘法, 20
    同态, 31
    无限群, 20
    循环, 81
    有限群, 20
    有限生成, 81
    置换群, 21
    幺元, 20
群同构, 31
群同态, 31
    单, 31
    核, 33
    满, 31
    像, 33
容斥原理, 3, 11
容度, 116

商, 40
    多项式, 68
商群, 33
生成理想, 35

生成元, 81
生成子群
    集合, 80
    元素, 80

私钥, 64
四元数体, 26, 35
素数, 44
素数域, 54
素性判定, 63
算术基本定理, 44
孙子定理, 57, 58

特殊线性群, 33
特殊正交群, 23

同构
    环, 34
    群, 31
同态, 31
同态基本定理
    环, 36
    群, 33
同余
    多项式, 73
同余方程求解, 61
同余类, 53
同余式, 51
同余线性方程组的求解, 62
完全积性函数, 47
威尔逊定理, 65, 86

韦达定理, 72

消去律, 20

形式微商, 73
行列式, 32

循环群, 81

一般线性群, 23
一一对应, 5
因式分解, 45
因子, 39
　　　多项式, 67

映射, 5
　　　单射, 5
　　　定义域, 5
　　　复合, 5
　　　满射, 5
　　　逆映射, 17
　　　双射, 5
　　　相等, 5
　　　像, 5
　　　像集, 5
　　　原像, 5
　　　值域, 5
有理分式, 77
有限单群分类定理, 96
有限生成群, 81
右陪集, 83
右陪集代表元系, 83
余数, 40
　　　多项式, 68
余数定理, 71
域, 25

元素, 1
原根, 100
约数, 39

整环, 28
正规子群, 33

直积
　　　环, 29
　　　群, 24
指标, 8
指标集, 8
指数, 84, 101
置换, 21, 88
　　　偶, 93
　　　奇, 93
　　　型, 91
置换群, 88
质数, 44
中国剩余定理, 57
　　　多项式, 75
中心化子, 97
重根, 73
主理想, 35

子环, 28
子群, 23
　　　平凡子群, 23
　　　真子群, 23
子域, 28
自同构, 37
自同构群, 37
组合数, 10
最大公因子
　　　多项式, 68
　　　整数, 40
最大公因子的求取, 61
最大公约数, 40
最小公倍数
　　　整数, 43
左陪集, 83
左陪集代表元系, 83

郑重声明

高等教育出版社依法对本书享有专有出版权。任何未经许可的复制、销售行为均违反《中华人民共和国著作权法》，其行为人将承担相应的民事责任和行政责任；构成犯罪的，将被依法追究刑事责任。为了维护市场秩序，保护读者的合法权益，避免读者误用盗版书造成不良后果，我社将配合行政执法部门和司法机关对违法犯罪的单位和个人进行严厉打击。社会各界人士如发现上述侵权行为，希望及时举报，我社将奖励举报有功人员。

反盗版举报电话　　（010）58581999　58582371
反盗版举报邮箱　　dd@hep.com.cn
通信地址　　北京市西城区德外大街4号　高等教育出版社法律事务部
邮政编码　　100120

读者意见反馈

为收集对教材的意见建议，进一步完善教材编写并做好服务工作，读者可将对本教材的意见建议通过如下渠道反馈至我社。

咨询电话　　400-810-0598
反馈邮箱　　hepsci@pub.hep.cn
通信地址　　北京市朝阳区惠新东街4号富盛大厦1座
　　　　　　高等教育出版社理科事业部
邮政编码　　100029